京津冀水资源安全保障丛书

京津冀水循环健康评价
及水资源安全诊断

李　想　刘家宏　张尚弘　王富强　吕素冰　尹冬勤　等　著

科学出版社
北京

内 容 简 介

本书针对京津冀地区水循环自然-社会二元化后健康状况受损这一突出问题，通过构建技术方法体系，收集统计、规划、监测等资料，开展了水循环健康评价和水资源安全诊断方面的研究，包括梳理了水循环健康和水资源安全涉及的原理、概念和方法，分析了京津冀水资源现状和近期趋势特征，识别了京津冀水循环健康状况的空间分布和时间演化特征，开展了典型城市水循环监测与健康评价，诊断了变化环境下的县域水资源安全情势。为准确把脉区域水问题、修复区域水循环、保障水资源安全、实现可持续发展、推进京津冀区域协同发展战略实施等提供科技支撑。

本书可供水文水资源领域的科研和技术人员、高校教师和研究生参考。

审图号：GS（2021）6271 号

图书在版编目（CIP）数据

京津冀水循环健康评价及水资源安全诊断／李想等著. —北京：
科学出版社，2021. 11
（京津冀水资源安全保障丛书）
ISBN 978-7-03-070405-4

Ⅰ. ①京… Ⅱ. ①李… Ⅲ. ①水循环–研究–华北地区②水资源管理–研究–华北地区 Ⅳ. ①P339②TV213. 4

中国版本图书馆 CIP 数据核字（2021）第 226460 号

责任编辑：王 倩／责任校对：樊雅琼
责任印制：吴兆东／封面设计：黄华斌

科学出版社 出版
北京东黄城根北街 16 号
邮政编码：100717
http://www.sciencep.com
北京捷迅佳彩印刷有限公司 印刷
科学出版社发行 各地新华书店经销

*

2021 年 11 月第 一 版 开本：787×1092 1/16
2021 年 11 月第一次印刷 印张：8 3/4
字数：200 000
定价：168. 00 元
（如有印装质量问题，我社负责调换）

总　　序

　　京津冀地区是我国政治、经济、文化、科技中心和重大国家发展战略区，是我国北方地区经济最具活力、开放程度最高、创新能力最强、吸纳人口最多的城市群。同时，京津冀也是我国最缺水的地区，年均降水量为538mm，是全国平均水平的83%；人均水资源量为258m³，仅为全国平均水平的1/9；南水北调中线工程通水前，水资源开发利用率超过100%，地下水累积超采1300亿m³，河湖长时期、大面积断流。可以看出，京津冀地区是我国乃至全世界人类活动对水循环扰动强度最大、水资源承载压力最大、水资源安全保障难度最大的地区，京津冀水资源安全解决方案具有全国甚至全球示范意义。

　　为应对京津冀地区水循环显著变异、人水关系严重失衡等问题，提升水资源安全保障技术短板，2016年，以中国水利水电科学研究院赵勇为首席科学家的"十三五"重点研发计划项目"京津冀水资源安全保障技术研发集成与示范应用"（2016YFC0401400）（以下简称京津冀项目）正式启动。项目紧扣京津冀协同发展新形势和重大治水实践，瞄准"强人类活动影响区水循环演变机理与健康水循环模式"，以及"强烈竞争条件下水资源多目标协同调控理论"两大科学问题，集中攻关4项关键技术，即水资源显著衰减与水循环全过程解析技术、需水管理与耗水控制技术、多水源安全高效利用技术、复杂水资源系统精细化协同调控技术。预期通过项目技术成果的广泛应用及示范带动，支撑京津冀地区水资源利用效率提升20%，地下水超采治理率超过80%，再生水等非常规水源利用量提升到20亿m³以上，推动建立健康的自然–社会水循环系统，缓解水资源短缺压力，提升京津冀地区水资源安全保障能力。

　　在实施过程中，项目广泛组织京津冀水资源安全保障考察与调研，先后开展20余次项目和课题考察，走遍京津冀地区200县（市、区）。积极推动学术交流，先后召开了4期"京津冀水资源安全保障论坛"、3期中国水利学会京津冀分论坛和中国水论坛京津冀分论坛，并围绕平原区水循环模拟、水资源高效利用、地下水超采治理、非常规水利用等多个议题组织学术研讨会，推动了京津冀水资源安全保障科学研究。项目还注重基础试验与工程示范相结合，围绕用水最强烈的北京市和地下水超采最严重的海河南系两大集中示范区，系统开展水循环全过程监测、水资源高效利用以及雨洪水、微咸水、地下水保护与安全利用等示范。

　　经过近5年的研究攻关，项目取得了多项突破性进展。在水资源衰减机理与应对方面，系统揭示了京津冀自然–社会水循环演变规律，解析了水资源衰减定量归因，预测了未来水资源变化趋势，提出了京津冀健康水循环修复目标和实现路径；在需水管理理论与方法方面，阐明了京津冀经济社会用水驱动机制和耗水机理，提出了京津冀用水适应性增长规律与层次化调控理论方法；在多水源高效利用技术方面，针对本地地表水、地下水、非常规水、外调水分别提出优化利用技术体系，形成了京津冀水网系统优化布局方案；在水资源配置方面，提出了水–粮–能–生协同配置理论方法，研发了京津冀水资源多目标协同调控模型，形成了京津冀水资源安全保障系统方案；在管理制度与平台建设方面，综合应用云计算、互联网+、大数据、综合集成等技术，研发了京津冀水资源协调管理制度与平台。项目还积极推动理论技术成果紧密服务于京津冀重大治水实践，制定国家、地方、行业和团体标准，支撑编制了《京津冀工业节水行动计划》等一系列政策文件，研究提出的京津冀协同发展水安全保障、实施国家污水资源化、南水北调工程运行管理和后续规划等成果建议多次获得国家领导人批示，被国家决策采纳，直接推动了国家重大政策实施和工程规划管理优化完善，为保障京津冀地区水资源安全做出了突出贡献。

作为首批重点研发计划获批项目，京津冀项目探索出了一套能够集成、示范、实施推广的水资源安全保障技术体系及管理模式，并形成了一支致力于京津冀水循环、水资源、水生态、水管理方面的研究队伍。该丛书是在项目研究成果的基础上，进一步集成、凝练、提升形成的，是一整套涵盖机理规律、技术方法、示范应用的学术著作。相信该丛书的出版，将推动水资源及其相关学科的发展进步，有助于探索经济社会与资源生态环境和谐统一发展路径，支撑生态文明建设实践与可持续发展战略。

2021 年 1 月

前　言

　　水循环是维系地球上各水体间的动态平衡，促使淡水资源不断往复更新和水生态良性平衡的关键过程。以全球变暖和极端水文事件频发为主要表征的气候变化改变了水循环的大气过程；以工业化、城镇化、土地利用变化为主要表征的人类活动极大地改变了水循环的地表、土壤和地下过程，对水循环健康和水资源安全产生了深刻影响。进入 21 世纪以来，我国许多城市群都面临着日趋严峻的水安全挑战，水资源短缺、水灾害频发、水生态退化、水环境污染四大水问题突出且不断加剧。本质上，这些问题都是人类活动对自然水循环的干扰产生的后效，是水循环自然−社会二元化后的健康受损的表现。

　　本书的主要内容和关键成果是在国家重点研发计划课题"京津冀水循环系统解析与水资源安全诊断"（2016YFC0401401）的资助下完成的。项目研究团队历时 5 年，聚焦京津冀地区，开展了水循环健康评价和水资源安全诊断方面的研究。水资源短缺和过度开发导致京津冀地区水循环表现出明显的二元特征，水安全问题长期存在并不容乐观，在气候变化、区域协同发展、跨流域调水增补等背景下，未来区域的水安全形势还将发生重大变化。

　　本书介绍了研究的背景意义和区域概况（第 1 章，由刘家宏、李想、张尚弘、王富强等执笔），梳理了水循环健康和水资源安全涉及的原理、概念和方法（第 2 章，由张尚弘、王富强、吕素冰、李想、向梦诗、郭丹红、刘沛衡等执笔），分析了京津冀水资源现状和近期趋势特征（第 3 章，由李想、刘家宏、尹冬勤、郭丹红、许凤冉等执笔），识别了水循环健康状况的空间分布（第 4 章，由张尚弘、向梦诗、范威威、张成、李想等执笔）和时间演化特征（第 5 章，由王富强、吕素冰、赵衡、刘沛衡、李想等执笔），开展了典型城市水循环监测与健康评价（第 6 章，由吕素冰、栾清华、赵衡、康萍萍、李想等执笔），诊断了变化环境下的县域水资源安全情势（第 7 章，由李想、刘家宏、尹冬勤、郭丹红、许凤冉等执笔）。通过科研攻关，形成了行之有效的技术方法体系，基于广泛收集的统计、规划、监测等资料，取得了水循环健康与水资源安全方面的系列研究成果，为准确把脉京津冀水问题、修复区域水循环、保障水资源安全、实现可持续发展、推进京津冀区域协同发展战略实施等提供了科技支撑。

　　受时间和作者水平所限，书中难免存在不足之处，恳请读者批评指正。

作　者

2021 年 11 月于北京

目　　录

|第1章| 绪　　论

1.1　研 究 背 景

　　水循环通过各种状态的水体，联系并调节着地球系统各个圈层，是水资源形成和演化的基础，同时也深刻影响着与其相生相伴的生态环境系统的演变。水循环的自然驱动力主要来源于太阳辐射、地球引力、毛细作用力等，它本是一种自然过程，但随着人类社会发展和水资源利用，如城镇化建设、工农业生产、地下水开采、跨流域调水等，打破了其原有的规律和平衡，改变了降水、蒸发、入渗、产流和汇流等水循环各个过程，表现出自然–社会二元特征，且社会属性愈加明显（王浩等，2006；王浩和贾仰文，2016）。

　　近年来，气候变化和人类活动对自然水循环过程的扰动加剧，全球许多地区面临着水循环健康和水资源安全问题，水多、水少、水脏、水浑等水问题突出，区域可持续发展遭受严峻挑战（Vörösmarty et al.，2000，2010；Milly et al.，2005；Piao et al.，2010；Haddeland et al.，2014；Brown et al.，2010；Plummer et al.，2010）。例如，厄尔尼诺南方涛动（El Niño-Southern Oscillation，ENSO）造成洪水和干旱等极端灾害事件频发，导致水资源可利用量减少，威胁着区域水资源安全和粮食安全（Fujimori et al.，2019）。气候变化影响范围广，2006 年的 ENSO 事件造成包括东非、美国南部、中国、澳大利亚南部等全球许多国家和地区发生持续干旱（李威和朱艳峰，2007）。气候变化影响时间长，在可预见的 50～100 年里，降水时空分布变化和温度不断攀升将进一步影响水循环过程和水资源安全（Overpeck and Udall，2010）。此外，近年来世界人口激增，工业化、城镇化发展，经济规模扩张，水资源急剧消耗，水资源短缺成为全球性问题。预计到 21 世纪中叶，包括非洲、中东、中国北部、印度中南部、墨西哥、美国西部、巴西东北部等许多国家和地区将发生持续性缺水（陈志恺，2002）。长期来看，水资源短缺和过度开发不仅制约了区域可持续发展，还造成了系列生态环境问题，包括河道干涸断流、湿地湖泊萎缩、水体严重污染、地下水位下降、地面沉降、海水入侵等（Aeschbach-Hertig and Gleeson，2012；Wang et al.，2015；Zhang et al.，2016），甚至还可能由于水资源矛盾日益深化引发地缘政治冲突（Ather et al.，2018）。

水资源安全也是我国区域可持续发展面临的重要挑战。我国水资源主要特征有：一是水资源总量丰富，约 28 000 亿 m³，占世界水资源总量的 6%~7%；二是人均水资源量少，不到世界人均水平的 1/3；三是时空分布不均，全国 18 个省（自治区、直辖市）、400 余座城市存在不同程度的缺水问题，华北、西北等地区水资源供需矛盾突出；四是水生态环境退化，除源头外，全国主要江河受到了不同程度的污染，大量城市下游河段为 V 类或劣 V 类水体（王浩和王建华，2012；夏军和石卫，2016）。联合国环境规划署（United Nations Environment Programme，UNEP）将我国评级为水资源脆弱地区。针对国家水安全问题，2011 年《中共中央 国务院关于加快水利改革发展的决定》明确建立用水总量控制、用水效率控制和水功能区限制纳污"三条红线"，实行最严格的水资源管理制度。2014年，习近平总书记明确提出了"节水优先，空间均衡，系统治理，两手发力"的新时期水利工作思路。近期，多次强调要把水资源作为最大刚性约束。基本确立了国家对于水安全问题的应对战略和制度安排。

京津冀地区是全国的政治、文化、国际交往、科技创新中心，人口和经济尤其集中，但水资源先天禀赋差，并且受快速工业化、城镇化等影响，京津冀地区成为全球水循环扰动最剧烈的地区之一，区域可持续发展与水资源承载力严重不足的矛盾长期存在并不断深化（赵勇和翟家齐，2017；杜朝阳和于静洁，2018；Li et al.，2019a）。2014 年 2 月 26 日，习近平总书记发表重要讲话，把推动京津冀协同发展上升为重大国家战略。紧接着，我国政府陆续出台了多重积极政策，通过统筹区域城乡规划、推进产业结构升级、扩大生态环境容量等，确保京津冀协同发展稳步推进，主要包括：2015 年 4 月，中共中央政治局审议通过了《京津冀协同发展规划纲要》；2015 年 12 月和 2016 年 2 月，国家发展和改革委员会印发了《京津冀协同发展生态环境保护规划》和《"十三五"时期京津冀国民经济和社会发展规划》；2016 年 5 月，水利部印发了《京津冀协同发展水利专项规划》等。可以预见，未来通过人口转移、产业结构调整等，非首都功能将得到有序疏解，"大城市病"问题将得到有效解决。此外，随着南水北调等跨流域调水工程规划和建设，来自长江、黄河等水源地的外埠水有序配置到京津冀等缺水地区，为提升区域水资源承载能力，保障水资源安全提供了强力支撑（Liu and Zheng，2002）。

1.2 研究意义

城市是人口和经济最集中的区域，水的健康、良性循环是城市实现可持续发展的重要前提。随着工业化和城镇化发展到高级阶段，城市连片发展形成了城市群的概念。国务院《国家新型城镇化规划（2014—2020 年）》明确提及了 7 个城市群，其中京津冀、长江三角洲、珠江三角洲更是明确定位以建设世界级城市群为目标。城市群高速发展引发的强人类活动干预，扰动了区域自然水循环的结构和进程，使得区域水循环呈现出显著的自然-社会二元特征。不合理的水资源开发利用带来了水资源短缺、水灾害频发、水生态损害、水环境污染等水问题。本质上讲，这些问题都是人类活动对自然水循环的干扰后效，是水循环二元化后的不健康表现。随着国民生活水平的提高，人们渴望宜居的需求更加强烈，蓝天碧水已成为广大人民群众的普遍诉求。党的十九大报告中明确提出，"要着眼解决水利发展中存在的不平衡不充分问题，统筹解决水资源、水环境、水生态、水灾害问题，使人民获得感、幸福感、安全感更加充实、更有保障、更可持续。"而满足上述人民诉求、破解上述水问题的关键，就是要实现区域健康的自然-社会二元水循环。

京津冀地区位于我国首都经济圈，是中国北方地区经济规模最大、发展潜力最大的地区，对于拉动我国北方经济发展有决定性的作用。相比长江三角洲、珠江三角洲，京津冀地区经济明显落后且区域内部发展严重不平衡（孙久文和原倩，2014）。北京拥有政治、经济、科技、文化等多方面优势。天津为国内 4 个直辖市之一，政策红利优势也较为明显。河北的面积和人口比重与发展资源却严重不匹配。因此，尽管三地地缘相接，同属华北地区，但是三地定位区别所导致的发展资源不均，不可避免地引起自然资源的不合理分配。例如，河北人均水资源仅为全国平均水平的 1/7，在 2008 ~ 2012 年期间向北京应急供水超过 10 亿 m^3；仅 2013 年，河北向北京供水 4.1 亿 m^3，向天津供水 5.5 亿 m^3（薄文广和陈飞，2015）。根据《京津冀协同发展规划纲要》，京津冀地区计划在未来 10 ~ 30 年内发展成特大型城市群，在此背景下，为保证区域经济社会发展的有序进行，维持水系统的正常运转和加强水资源的安全保障已成为亟待解决的首要问题（徐辉，2012）。根据《国民经济和社会发展第十三个五年规划纲要（2016—2020）》和最严格的水资源管理制度，城市发展应遵照"以水定城，以水定地，以水定人，以水定产"的原则要求。为此，有必要定量描述京津冀地区本地水资源的空间分布，评估水资源对于新的经济社会发展模式的承载能力和匹配程度的空间分布，以便于合理确定城市规模、土地利用方式、人口和产业数量，指导人口转移和产业结构调整。过去几十年，全球变暖、工业化、城镇化等强干预已造成京津冀地区降水产流关系发生明显变化。近年来，京津冀地区开源和节流多措并举，着力解决水资源供需矛盾。为此，有必要揭示气候影响、区域协同发展、不同用水水平、跨流域调水等变化背景下的京津冀地区水资源安全状况的空间分布，支撑水资源科学管理和优化配置，建立有效的区域间协调机制。

综上，本书选取我国战略要地京津冀地区作为研究区域，开展水循环健康评价和水资源安全诊断研究，从而为准确把脉区域水问题、修复区域水循环、保障水资源安全、实现可持续发展、推进京津冀协同发展战略实施等提供科技支撑，同时为同类城市群水问题研究提供重要参考。

1.3 研究区域概况

1.3.1 自然地理

京津冀地区（即北京、天津和河北，如图 1-1 所示）位于中国的东部，介于东经 113°04′~119°53′，北纬 36°01′~42°37′，东临渤海湾，西倚太行山，南临黄河，北接蒙古高原，区域面积为 21.7 万 km²，约占我国陆地面积的 2.3%。

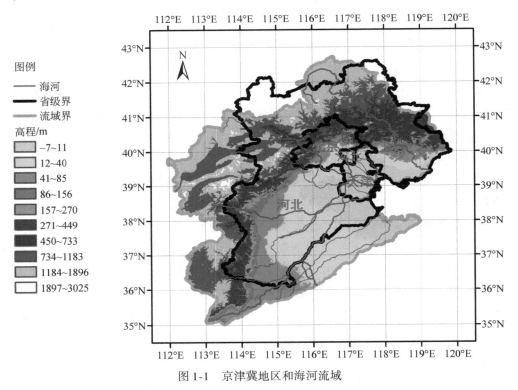

图 1-1 京津冀地区和海河流域

数字高程模型（DEM）数据产品为 HydroSHEDS（https://www.hydrosheds.org）

京津冀地区内北部和西部主要为山地，东部和东南部为华北平原和沿海海岸潮间带，整体地形由西北部向东南部倾斜，山地和平原面积各占 60% 和 40%。京津冀地区大部分面积位于海河流域，流域面积 31.8 万 km²。海河流域是渤海湾西部流域的主体，主要包括海河、滦河、徒骇马颊河三大河流域。其中，海河水系由 5 条主要支流（潮白河、永定河、大清河、子牙河和南运河）和 1 条小支流（北运河）组成。

京津冀地区位于温带东亚季风气候区，冬季寒冷少雪，夏季气温高，降水丰沛且多为暴雨,降水量变差较大,旱涝时有发生。近年来,海河流域降水减少、蒸散发增加,导致径流量明显减少。据统计,1980 年前后地表径流减少约34%,入海水量减少约78%(Liu et al.,2010)。京津冀多年平均(1956~2018 年)水资源量为237 亿 m³,仅为全国水资源总量的0.8%左右;按2018 年人口计,人均水资源量为210m³,仅为全国人均水平的10%左右,小于水资源严重短缺发生阈值500m³,水资源安全保障形势十分严峻。

京津冀土地利用的主要形式为耕地、林地、草地和不透水地面,分别占总面积的44.4%、25.0%、16.1%和10.2%,如图1-2 所示。其中,耕地集中在中南部地区,林地、草地集中在西部和北部地区,不透水地面分布在城市地区。

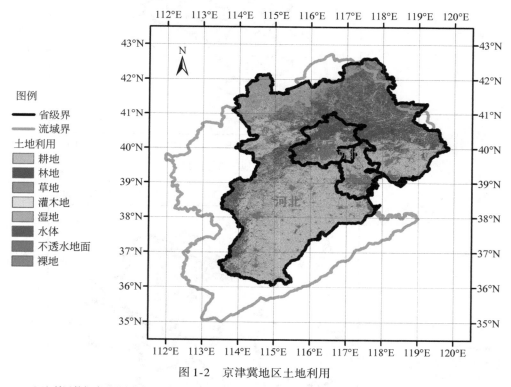

图 1-2 京津冀地区土地利用

土地利用数据产品为 FROM-GLC10(2017 年,空间分辨率 10m,http://data.ess.tsinghua.edu.cn)

1.3.2 社会经济

京津冀地区涵盖北京、天津 2 个直辖市以及河北的石家庄、保定、廊坊、唐山、邯郸、秦皇岛、张家口、承德、邢台、沧州和衡水 11 个地级市,如图1-3 所示。京津冀地区的县域行政区划近几年发生一定变化,本书研究采用 2017 年行政建制,县域数为 200个,如图1-4 所示。

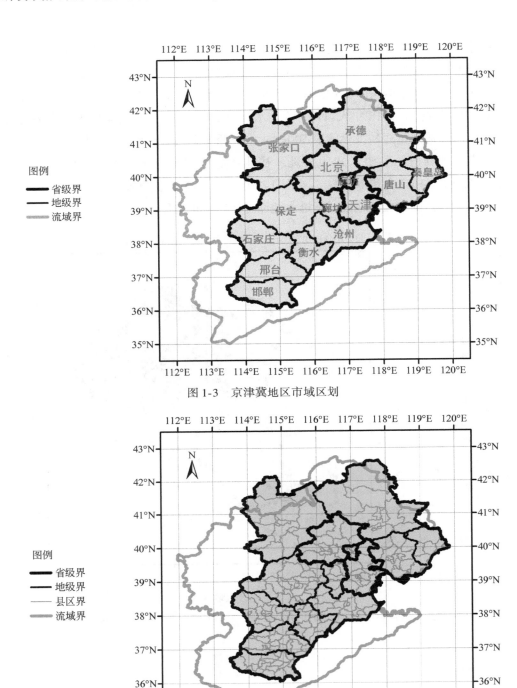

图 1-3 京津冀地区市域区划

图 1-4 京津冀地区县域区划

县域边界数据来源于地理国情监测云平台（http://www.dsac.cn）

　　过去几十年，京津冀地区常住人口和 GDP 逐年攀升。2018 年，京津冀常住人口 1.1 亿（北京、天津、河北分别为 2154 万、1560 万、7556 万），占全国总人口的 8.1%，其中城镇人口 7424 万（北京、天津、河北分别为 1863 万、1297 万、4264 万），城镇化率达 65.9%。2018 年，地区生产总值 8.5 万亿元（北京、天津、河北分别为 3.0 万亿元、1.9 万亿元、3.6 万亿元），占全国经济总量的 9.5%。

|第 2 章| 水循环健康和水资源安全的 原理、概念和方法

本章系统梳理了水循环健康和水资源安全涉及的原理、概念和方法。内容包括：介绍了自然水循环和社会水循环的基本过程，以及自然–社会二元水循环的概念框架；探究了水循环健康的内涵，给出了国内外关于水资源安全概念的解读；说明了本书涉及的主要评价和诊断方法；对典型区评价和诊断案例研究进展进行了评述（范威威，2018；郭丹红，2020；刘沛衡，2020）。

2.1 二元水循环理论基础

2.1.1 自然水循环

1. 基本过程

自然水循环是水资源形成、演化的客观基础。所谓自然水循环，是指水分在太阳辐射、地球引力、毛细作用力等驱动下，在垂直和水平方向上连续运移，并伴随着气态、液态、固态三态转化的过程，又称为水文循环。自然水循环是一个相对稳定、错综复杂的动态系统，并非一个降水、蒸发、径流等的简单重复过程。

自然水循环有大循环（海陆间循环）和小循环（陆地内循环及海洋内循环）之分。其中，海陆间循环为大尺度水循环运动，主导了海洋和陆地的水分交换流通。相对而言，陆地内循环及海洋内循环为局部小尺度水循环运动。

自然水循环按照其水分赋存介质和环境的不同可分为四大基本过程，即大气过程、地表过程、土壤过程和地下过程（王建华和王浩，2014）。通量交互发生在界面过程，典型的界面过程包括蒸发（水分从水面或土壤表面进入大气）、蒸腾（水分从植被表面进入大气）、入渗（水分从大气界面进入土壤）、植被吸收（水分从土壤进入植被根系）、排泄（水分从地下进入地表）。

2. 主要功能

自然水循环拥有资源功能、环境功能和生态功能。

1）资源功能

自然水循环过程将各种水体连接起来，使得各种水体能够长期存在、不断更新、动态调整，以满足社会经济发展对水资源的需求，同时满足动植物生存、繁衍、迁徙、枯荣等生理需求。

2）环境功能

自然水循环的环境功能包括温度调节、地质环境塑造、水质净化三方面。在温度调节方面，水循环一方面作为"纽带"联系了地球各个圈层和各种水体；另一方面作为"调节器"又调节了地球各个圈层之间的能量，进而影响了气候冷暖变化。在地质环境塑造方面，水循环一方面作为"雕塑家"，通过侵蚀、搬运和堆积，塑造了丰富多元的地表形态；另一方面作为"传输带"，为地表物质迁移提供了强大动力并担当了主要载体，如维持了河口地区河沙与海沙的动态交换以及河口海岸的稳定。在水质净化方面，水循环一方面可以通过物理净化，洗涤地表环境，稀释污染浓度，还大自然以洁净空间；另一方面可以通过化学和生物作用分解和固化污染物，使水体重归洁净，拥有自净能力。

3）生态功能

自然水循环维系了陆域生态系统和水域生态系统，是生态系统健康发展的重要基础，直接决定着生态系统的正向和逆向演替。

2.1.2　社会水循环

水在社会经济活动中的运移也具有循环性，称为社会水循环。社会水循环包括四个基本过程，即供水过程、用水过程、排水过程、回水过程。供水是社会水循环的开端，包括取水、制水、配水三个环节，即从地表或地下提取符合一定要求的水，经处理后达到用水标准，再经一定途径配送到用户端。用水是社会水循环的核心，可划分为生产、生活及生态三个方面。排水和回水是社会水循环的末端，是用水过程以后废水排放直接回归自然水循环，或是经净化处理重新进入社会水循环。社会水循环的四个基本过程在社会经济系统中不断运行、环环相扣，维系着社会经济的正常运转和发展演进。

2.1.3　二元水循环

1. 概念框架

二元水循环是将人工力与自然力并列为水循环系统演变的双驱动力，从自然-社会二元视角来研究水循环与水资源演进过程与规律。其主要特征表现在两个方面：①将人类活动对于自然水循环系统影响作为内生变量来考虑，包括气候变化、下垫面变化、水利工程建设和人工能量加入等；②将供水—用水—排水—回水过程作为与自然主循环内嵌的社会侧枝水循环来考虑，建立二元水循环结构同时保持其动态耦合关系。供水、用水、排水和回水等既是自然水循环和社会水循环的联系纽带，也是社会水循环对自然水循环影响最为剧烈和敏感的形式，如图 2-1 所示。

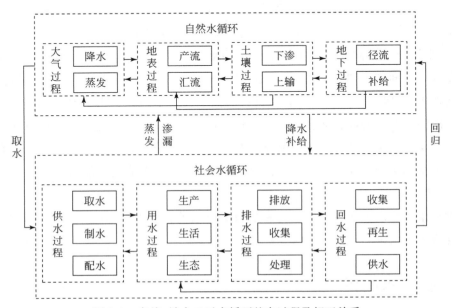

图 2-1　自然–社会二元水循环基本过程及相互关系

自然状态下，水循环的主要功能包括资源、环境和生态功能。二元状态下，水循环又补充了新的属性和功能，表现为：①水是保障人类生活的重要物质基础，可以作为饮用水、洗涤用水、休闲娱乐用水等，使其具有了社会属性和服务功能；②水是大部分生产活动的生产资料，参与了经济循环的过程，水的有用性和宏观稀缺性使水资源具有价值，加之水资源开发、利用和保护也需要一定的经济投入，使其具有了经济属性和服务功能。

2. 二元化特征

二元水循环的二元化特征包括驱动力的二元化、循环路径的二元化、循环结构和参数的二元化以及服务功能和效应的二元化（王浩等，2006）。

1）驱动力的二元化

自然状态下，水分在太阳辐射、地球引力、毛细作用力等自然驱动力下不断运移转化。随着人类活动加剧，人类驱动力对水循环的影响不断增加，在某些地区甚至超过了自然驱动力。

两种不同驱动力对水循环的作用存在一定差异。自然驱动力下，水体在蒸发、蒸腾过程中吸收太阳辐射能，克服重力做功，形成重力势能；水汽凝结成雨滴后受重力作用形成降水；河川径流从重力势能高的地方流向势能低的地方；当上层土壤干燥时，下层土壤中的水分可以在毛细作用力下得到提升。人类驱动力表现为三大作用机制：一是经济效益机制，即水由经济效益低的区域和部门流向经济效益高的区域和部门；二是生活需求驱动机制，即水由生活需求低的区域流向需求高的区域；三是生态环境效益机制，当前生态环境效益已从自上而下的政府行政要求转化为自下而上的民众普遍要求。

自然驱动力如太阳辐射、地球引力、毛细作用力等相对恒定，而人类驱动力随着城镇化和技术产业的发展等，对水循环的影响范围和程度正在不断扩大。在采食经济阶段，人类仅能够直接取用地表水和浅层地下水；到了近代，人类已经能够通过修建水利工程，大规模开发利用地表水和浅层地下水；再至现代，人类已经能够通过实施跨流域调水、开采深层地下水，甚至能够通过科技手段利用土壤水，以及再生水、雨洪水、淡化水等非常规水。

2）循环路径的二元化

从路径上来看，水循环也表现出二元化的特征。由于人类多种经济活动的影响，水循环已经不再局限于河流、湖泊等自然路径。一方面，开拓了长距离调水工程、人工航运工程、人工渠系、城市管道等新的路径；另一方面，受人类活动影响，自然路径发生变化，例如人工降雨缩短了水汽的输送路径，地下水开发缩短了地下水的循环路径，同时改变了地表水和地下水的转化路径。

3）循环结构和参数的二元化

在二元状态下，一方面，在主循环外形成了由供水—用水—排水—回水四个环节构成的侧枝循环圈；另一方面，人类活动对坡面产汇流过程、平原地区渗透和产汇流过程等都产生了深刻影响。作为主循环侧枝的社会水循环，已不能仅仅采用自然水循环的参数来描述，需要补充用于描述社会水循环的参数体系，包括供、用（耗）、排、回等供用水特征的参数。另外，不同地区的社会水循环特征并不一致，需要采用不同的参数值来描述。

4）服务功能和效应的二元化

水循环既支撑着自然生态环境系统，又支撑着人类社会经济系统。

对自然生态环境系统的支持包括五个方面：一是水在循环过程中不断运移和转化，使全球水资源得以更新；二是水循环维持了全球海陆间水体的动态平衡；三是水在循环过程中进行能量交换，对地表太阳辐射能进行吸收、转化和传输，缓解不同纬度间热量收支不平衡的矛盾，调节全球气候，形成鲜明的气候带；四是水循环过程中形成了侵蚀、搬运、堆积等作用，不断塑造地表形态；五是水是生命体的重要组成成分，也是生命体代谢过程中不可缺失的物质基础，对维系生命有不可替代的作用。

对人类社会经济系统的支撑包括三个方面：一是水在循环过程中支撑着人类社会的日常生活；二是水在循环过程中支撑着人类社会的生产活动，包括农业、工业、服务业用水等；三是水在循环过程中支撑着人类社会的生态环境。

2.2　水循环健康与水资源安全

2.2.1　水循环健康

水循环健康的概念并不新鲜。一些研究侧重于自然水循环健康，强调水循环的生态价值（周林飞等，2008；邓晓军等，2014）。一些研究侧重于社会水循环健康，强调水资源的社会服务功能（Pal et al.，2014；Garfí et al.，2016）。例如，张杰和熊必永（2004）系统分析了社会水循环和自然水循环的相互关系，剖析了恶性水循环产生的原因，提出了城市水系统健康循环的实施策略。高艳玲等（2005）认为水的健康循环是指在水的社会循环中，尊重水的自然运动规律，合理科学地使用水资源，使得上游地区的用水活动不影响下游地区的水体功能。

事实上，随着人类社会高速发展，经济活动愈加活跃，社会水循环与自然水循环互相渗透，界限十分模糊。自然水循环不仅受到自然因素的驱动，同时也受到社会因素的影响；社会水循环其源头为自然界中的水资源，同样受到自然因素的影响。两者互相影响、互相依存，形成一个周而复始、环环相扣的循环过程。水循环二元化特征的日趋显著，也推动了二元水循环健康研究不断发展（仇亚琴，2006；王西琴等，2006）。周祖昊等（2011）提出了基于流域二元水循环全过程的用水评价方法，也就是体现四个统一评价的评价方法，包括供用耗排统一评价，用水过程与自然水循环过程统一评价，地表水和地下水用水统一评价，用水量与用水效率、用水效益统一评价。刘家宏等（2010）研究了海河流域二元水循环关键过程的演化规律，提出了跨流域调水和削减入河污染物两条调控措施，以维系海河流域二元水循环系统健康。

综上，基于二元水循环理论，本书认为水循环健康一方面需要良好的自然水循环来支撑社会经济发展，另一方面要求社会水循环不能对自然水循环造成过度负面的反馈。健康的水循环不仅具备良好的生态价值，能够保证水生态的完整性，拥有修复水环境的恢复力；还要实现人类价值，供应各类社会用水以支撑社会经济的发展，人类社会也应当高效绿色利用水资源以避免对自然水循环造成不可逆的伤害。水循环健康的内涵如图2-2所示。

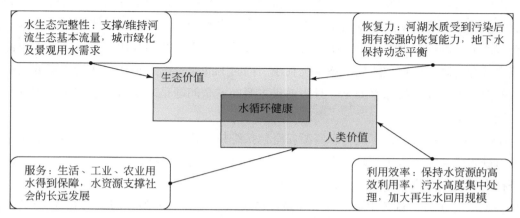

图 2-2　水循环健康的内涵

2.2.2　水资源安全

关于水资源安全，国内外权威论坛、会议及专家学者对其有不同的解读，其中代表性的论述如下：

2000 年 3 月，在荷兰海牙召开的第二届世界水资源论坛上将水资源安全定义为："以可承受的价格获取足够安全的水"（李宗波，2000）。在这次会议上，21 世纪世界水资源委员会主席 Ismail Serageldin 称："找到一种方式，以合理的价格保障每个人饮用、清洁、食品和能量等各个方面所需要的用水安全是我们的主要目标。"

2001 年 3 月，联合国秘书长 Kofi Atta Annan 在世界水日献词《水安全——人类的基本需要和权利》中指出，水安全既是人类的基本需要，也是人类的基本权利，并把卫生的水和公平分配的水视为水安全（联合国教科文组织国际水文计划中国国家委员会，2001）。

2001 年 11 月，在德国波恩召开的国际淡水会议认为："各国政府在更加安全、公平和繁荣的发展过程中将面临重大挑战，即以公平和可持续的方式利用、保护世界淡水资源。水资源在人类的健康、生产生活、经济增长和维持生态系统等方面起到非常重要的作用。"[①] 这里将可持续发展纳入水资源安全中，丰富了水资源安全的内涵。

Ohlsson 和 Turton（1999）认为水资源安全应当包括在社会资源安全范畴内，同时认为缺水通常是由于成本过高和基础设施落后等原因造成难以调动更多可用的淡水资源，而缺乏社会资源会阻碍有效调动和使用现有水资源。

---

① 波恩国际淡水会议部长宣言 . http://www.h2o-china.com/news/8035.html

Falkenmark 等（2007）认为人类可获得的淡水归根结底来源于降水，应将降水视为真正意义上的水资源。从这一点出发，水可以分为蓝水和绿水，且都来源于降水。蓝水主要存在于河流、湖泊和地下蓄水层中，可供水生态系统和人类社会利用；绿水为植被根部的土壤中储存的降水，可供陆生生态系统利用。同时 Falkenmark（2001）认为水资源安全除蓝水安全以外，还包括绿水安全，且当前最主要的安全问题是未能将生态安全、粮食安全与水安全统筹考虑。

Grey 和 Sadoff（2007）认为水资源安全包括维持生产、生活、生态所能接受的水量和水质可获得性，以及人类、环境和经济可承受性，指出水资源安全主要取决于水文环境、经济社会环境以及由全球气候变化等影响的未来环境。

陈家琦（2002）认为水资源安全涉及水量和水质安全两方面，因水具有利害两面性，在为人类社会服务的同时也可能带来如洪涝、干旱灾害以及水致疾病的传播。

夏军和朱一中（2002）及夏军等（2004）认为水资源安全是指在满足生态用水前提下，以可承受的价格为居民生活、农业、工业和服务业生产提供符合水质要求的供水，并认为水资源承载力是区域水资源能够支撑人类社会系统的最大上限能力，是评价水资源安全的一个基本度量。

郑通汉（2003）从广义和狭义两方面诠释了水资源安全，认为广义水资源安全指旱涝灾害、水质污染以及水环境破坏等事件不使国家利益严重受损，水资源的自然循环过程和系统不遭受破坏或严重威胁，水资源处于满足国民经济社会可持续发展需要的良好状态；狭义水资源安全指在不超出水资源和水环境承载能力的前提下，水资源在质和量两方面能够满足人类生存、社会进步、经济发展和生态环境的用水需求。

阮本清等（2004）认为，水资源安全是指人人都有获得安全用水的设施和经济条件，所获取的水既可满足清洁和健康的要求，又可满足生活和生产的需要，而且还可使环境得到妥善的保护，能够做到以水资源的可持续利用来保障社会经济的可持续发展。

综上，水资源安全内涵丰富，目前尚未有统一标准。本书在开展水资源安全诊断时，特别针对京津冀地区水资源难以满足社会经济发展需求这一特点，重点关注了其水量安全。

2.3　主要评价和诊断方法

开展水循环健康评价和水资源安全诊断需要技术方法的支持，涉及评价指标、评价指标体系、权重确定方法和评价方法四个方面。

2.3.1 评价指标

1. 人均水资源量

人均水资源量（Falkenmark and Widstrand，1992）是瑞典学者 Falkenmark 等在系统梳理和分析各国水资源统计资料基础上提出的，该评价指标的阈值如表 2-1 所示。该指标应用非常广泛，例如，联合国粮食及农业组织（Food and Agriculture Organization of the United Nations，FAO）和世界资源研究所（World Resources Institute，WRI）等国际组织均将其作为官方指标用于评价世界各地的水资源状况（FAO，2007；WRI et al.，2008）。

表 2-1　常用评价指标阈值

人均水资源量/m³	水短缺指数	水资源开发利用率	短缺程度	缺水特征描述
>1700	<0.1	<10%	不短缺	用水不受限制
1000~1700	0.1~0.2	10%~20%	低度短缺	周期性和规律性用水紧张
500~1000	0.2~0.4	20%~40%	中度短缺	持续性用水紧张，经济发展和人体健康受到影响
<500	>0.4	>40%	高度短缺	供需关系高度紧张，严重缺水

2. 水短缺指数

水短缺指数（water scarcity index，WSI）（Falkenmark，1989；Falkenmark et al.，1997），同样由瑞典学者 Falkenmark 等提出，定义为取水量与可用水量之比，同样得到了广泛应用（Oki and Kanae，2006；Wada et al.，2011；Hoekstra et al.，2012）。WSI 与 Raskin 等（1997）提出的水资源开发利用率本质上是相同的，其定义为年取用的淡水资源量占可更新的淡水资源量的百分比。WSI 和水资源开发利用率阈值如表 2-1 所示。

2.3.2 评价指标体系

单一评价指标方法难以捕捉评价对象的全部特征，为此大多数研究通过构建层次化的评价指标体系来表达水循环健康和水资源安全的丰富内涵。评价指标体系通常包含目标层、准则层（或维度层）、指标层三个层次。目标层是评价出发点，准则层将评价目标解析为多个子目标，指标层包含了具体的评价指标。层次化的评价指标体系可以细化和分解评价目标，得到目标之下的多维度评价结果，通过收集和获取多元信息，提高评价结果的解释力。在选取评价指标时：一是要充分体现准则层和目标层的内涵和特征，即评价指标对准则层和目标层具有代表性；二是要充分考虑研究区域的特征，同一维度的评价指标要根据研究区域进行适当调整；三是要充分考虑多时空维度下数据的可用性和可比性；四是要平衡科学性、简便性、客观性和全面性。可参考关键绩效指标（key performance indicator，KPI）SMART（specific，measurable，attainable，realistic，time bound）的有关原则（栾清华等，2015）。

关于水循环健康评价的已有研究，一类侧重于水循环的自然属性，包括对湿地、湖泊、河流的水循环健康评价（Noble et al.，2010；Li et al.，2013；Zhang et al.，2015）。例如，Meng 等（2009）基于水质、物理栖息地、水生生物等三个方面建立了评价指标体系，对中国辽河流域各支流的健康状况进行评价，结果显示水质和生物栖息地质量为影响河流生态健康的重要因素。张晶等（2010）构建了包括河流地貌、生物特性、水质特性、水文特性等方面的评价指标体系，对河流生态系统的健康状态进行了全面的评价。另一类侧重于水循环的社会属性，主要涉及供水、用水、排水、回水等水循环子过程（Chen et al.，2012；Vilanova et al.，2015；Lu et al.，2016）。例如，Chu 等（2015）提出了一种基于结构-效率的指标体系来评价城市水循环的健康状态，选择海河流域 20 个典型城市作为评价对象，结果表明，尽管北京和天津具有较高的结构和效率分值，但仍有进步提高的空间。郭颖娟（2013）和王海叶（2017）基于取水、供水、用水、排水、污水处理与回用五个系统建立城市用水健康循环的评价指标体系，对石家庄和京津冀地区的水循环健康状况进行了评价，分析了城市区域水资源可持续利用与城市用水健康循环之间的关系。栾清华等（2016）从供水、用水、排水、回水四个维度出发，构建了基于 KPI 的城市水循环健康评价指标体系，评价了天津 2000～2012 年的水循环健康状况。随着社会的发展，水循环的自然侧和社会侧融合不断深化，对水循环的健康状况进行评价时，需要注重水循环的自然-社会二元化特征。因此当水循环健康作为评价目标时，准则层应该同时考虑自然水循环和社会水循环，既能反映水循环的自然属性，又能体现水循环的社会属性。

另外，不同专家学者构建了包含不同维度和不同指标的不同评价指标体系，开展了水资源系统评价。例如，英国国家生态与水文研究中心提出了包括资源、途径、能力、利用和环境等五个维度的水资源贫困指数（water poverty index，WPI）（Sullivan et al.，2002），广泛应用于包括中国在内的 147 个国家的水资源安全评价中。夏军和朱一中（2002）提出了水资源承载力来度量水资源安全，涉及水循环系统模拟、水资源评价、生态需水和社会经济需水估算等内容，选取了对应不同保证率的水资源量、最小生态需水量、可利用水资源量、水资源需求量来确定水资源承载力评价指标体系。贾绍凤等（2002）从水资源总体安全、社会安全、经济安全和生态安全四个维度，推荐了 20 个评价指标构建水资源评价指标体系，反映资源背景、社会经济和生态环境等水安全特征。

2.3.3 权重确定方法

多维度、多指标评价指标体系中，不同指标重要程度有所区别，需要对不同指标分别确定其相对权重，以科学识别评价对象的综合特征。本书涉及的指标赋权方法包括层次分析法、熵权法和综合权重法。

1. 层次分析法

层次分析法（analytic hierarchy process，AHP）（Saaty，1980；Saaty and Vargas，1982），由美国运筹学家 Saaty 教授提出，是一种定性与定量分析相结合的多目标决策方法，其操作简单，应用广泛。AHP 确定权重的计算步骤如下。

1）构造判断矩阵

在深入分析问题基础上，构建层次化结构模型，通过判断同一层次的所有元素对直接隶属层次的相对影响力，确定各元素的重要性，构建 $n \times n$ 判断矩阵（U）如式（2-1）所示：

$$U = \begin{bmatrix} u_{11} & u_{12} & \cdots & u_{1n} \\ u_{21} & u_{22} & \cdots & u_{2n} \\ \vdots & \vdots & & \vdots \\ u_{n1} & u_{n2} & \cdots & u_{nn} \end{bmatrix} \tag{2-1}$$

式中：u_{ij} 表示对于层次 A 来说，层次 B（隶属于层次 A）中元素 B_i 与 B_j（i，$j=1$，2，$\cdots$ n）的相对影响力大小。u_{ij} 值的确定如表 2-2 所示。

表 2-2　AHP 各标度值描述

标度	含义
1	表示 B_i 与 B_j 同等重要
3	表示 B_i 比 B_j 稍微重要
5	表示 B_i 比 B_j 明显重要
7	表示 B_i 比 B_j 强烈重要
9	表示 B_i 比 B_j 极端重要
2，4，6，8	上述相邻判断的中值
倒数	B_i 与 B_j 比较的判断 u_{ij}，则 B_j 与 B_i 比较得 $u_{ij}=1/u_{ji}$，$u_{ii}=1$

2）计算重要性排序

B 中所有元素的权重以向量（W）表示，如式（2-2）所示：

$$W = (w_1, w_2, \cdots, w_n)^{\mathrm{T}} \tag{2-2}$$

对于 w_i，其计算方法有几何平均法、算数平均法、特征向量法和最小二乘法。其中，几何平均法如式（2-3）所示：

$$w_i = \frac{\sqrt[n]{\prod\limits_{j=1}^{n} u_{ij}}}{\sum\limits_{i=1}^{n} \sqrt[n]{\prod\limits_{j=1}^{n} u_{ij}}} \tag{2-3}$$

3）一致性检验

计算判断矩阵的最大特征值 $\lambda_{\max}$，如式（2-4）所示：

$$\lambda_{\max} = \frac{1}{n} \sum_{i=1}^{n} \frac{uw_i}{w_i} \tag{2-4}$$

式中：uw_i 为判断矩阵 U 与权重向量 W 乘积（UW）的第 i 个元素。

计算判断矩阵的一致性检验指标（C.R.），如式（2-5）和（2-6）所示：

$$\mathrm{C.R.} = \mathrm{C.I.} / \mathrm{R.I.} \tag{2-5}$$

$$\mathrm{C.I.} = \frac{1}{n-1} (\lambda_{\max} - n) \tag{2-6}$$

式中：R.I. 指判断矩阵的随机一致性指标，具体数值见表2-3；C.I. 为一致性指标；C.R. 为检验性指数。

表2-3 判断矩阵的随机一致性指标（R.I.）取值

n	1 或 2	3	4	5	6	7	8	9
R.I.	0	0.58	0.89	1.12	1.24	1.32	1.41	1.45

若 C.R. ≤0.1，表明判断矩阵符合一致性，权重设置是合理的；否则需要重新设置判断矩阵，直到符合一致性条件为止。

2. 熵权法

熵权法是根据目标熵值确定权重的客观赋权法（Ji et al.，2015）。在信息论中，熵是对随机事件的不确定性的度量。熵值越小，表示不确定性越小，反之则反。在多目标决策问题中，某个指标的熵值越小，提供的信息量越多，对评价结果的影响程度越高，权重也越大。熵权法确定权重的计算步骤如下。

1）数据标准化

假设有 m 个评价对象，每个评价对象有 n 个指标。建立一个 $m \times n$ 决策矩阵 $Z = (z_{ij})_{m \times n}$，$z_{ij}$ 代表评价对象 i 的指标 j 的值。为消除指标间量纲不同的影响，对原始决策矩阵进行标准化处理，得到矩阵 $Y = (y_j)_{m \times n}$。指标可分为两类：一类为正向指标，指标值越大则评价越正面；另一类为负向指标，指标值越大则评价越负面。数据标准化计算如式（2-7）和式（2-8）所示。

正向指标

$$y_{ij} = \frac{z_{ij} - \min(Z_j)}{\max(Z_j) - \min(Z_j)} \tag{2-7}$$

负向指标

$$y_{ij} = \frac{\max(Z_j) - z_{ij}}{\max(Z_j) - \min(Z_j)} \tag{2-8}$$

式中：Z_j 为矩阵中第 j 列。

2）计算指标信息熵

根据标准化矩阵 $Y = (y_{ij})_{m \times n}$，计算第 j 项指标下第 i 个评价对象所占该指标的比例（p_{ij}），如式（2-9）所示：

$$p_{ij} = y_{ij} \Big/ \sum_{i=1}^{m} y_{ij} \tag{2-9}$$

计算第 j 项指标的信息熵（E_j），如式（2-10）所示：

$$E_j = -\ln(m)^{-1} \sum_{i=1}^{m} p_{ij} \ln p_{ij} \tag{2-10}$$

如果 $p_{ij} = 0$，则 $\lim\limits_{p_{ij} \to 0} p_{ij} \ln p_{ij} = 0$，$p_{ij} \ln p_{ij} = 0$。

3）计算指标权重

计算指标 j 的权重（w_j），如式（2-10）所示：

$$w_j = \frac{1 - E_j}{n - \sum\limits_{j=1}^{n} E_j} \tag{2-11}$$

3. 综合权重法

鉴于以上两种权重赋值方法各有优缺点，可以将主观赋权法与客观赋权法相结合，即采用综合权重法赋权，如式（2-12）所示：

$$w_i = \frac{A_i E_i}{\sum\limits_{i=1}^{n} A_i E_i} \tag{2-12}$$

式中：w_i 为指标 i 权重；n 为指标个数；A_i 为层次分析法权重结果；E_i 为熵权法权重结果。

2.3.4 评价方法

为从描述评价对象的多维度、多指标评价指标体系中提取综合特征信息，还需要借助综合评价方法进行支持。据了解，现有综合评价方法较多，不同评价方法在理论基础、优劣性条件、适用性表现等方面不同，尚没有统一方法。本书涉及的评价方法包括综合指数法、模糊识别评价法、模糊综合指数法和云模型，这些方法从精确性评价，到考虑了模糊性，再到考虑了模糊性和随机性。

1. 综合指数法

综合指数法是一种开展多指标综合评价的常规方法。综合指数法基于特定方式将多个指标进行综合，通过一个综合指数来反映评价对象的评价结果。其评价结果是一个具体数值，较为直观，也便于理解。评价过程各环节之间没有信息传递，评价过程简单，易于操作（Wiréhn et al.，2015；Zhang et al.，2019）。计算步骤如下。

（1）根据各评价指标的阈值范围，对指标数据进行归一化处理，得到指标的评价分值。其中，对于正向指标和负向指标，计算分别如式（2-13）和式（2-14）所示：

正向指标

$$F_i = k_{\text{low}} + \frac{R_i - S_{i,\,k_{\text{low}}}}{S_{i,\,k_{\text{up}}} - S_{i,\,k_{\text{low}}}} \qquad S_{i,\,k_{\text{low}}} \leqslant R_i \leqslant S_{i,\,k_{\text{up}}} \tag{2-13}$$

负向指标

$$F_i = k_{\text{up}} - \frac{R_i - S_{i,\,k_{\text{low}}}}{S_{i,\,k_{\text{up}}} - S_{i,\,k_{\text{low}}}} \qquad S_{i,\,k_{\text{low}}} \leqslant R_i \leqslant S_{i,\,k_{\text{up}}} \tag{2-14}$$

式中：F_i 为任一评价对象指标 i 的评价分值（也即指标层分值）；R_i 为评价对象指标 i 的特征值；k_{up} 和 k_{low} 分别为评价等级 s 的上限和下限分值；$S_{i,k_{\text{up}}}$ 和 $S_{i,k_{\text{low}}}$ 分别为评价对象指标 i 在评价等级 s 的阈值上限和下限。

（2）将隶属于某一层次中的各元素评价分值与权重进行组合，可以得到该层次的评价结果，依次进行完成各层次计算。以包含目标层、准则层、指标层的层次化评价指标体系为例，准则层和目标层计算如式（2-15）至式（2-17）所示：

准则层

$$F_d = \left(\sum_{i \in d} F_i \times w_i \right) / w_d \tag{2-15}$$

目标层

$$F = \sum F_d \times w_d \tag{2-16}$$

$$F = \sum F_i \times w_i \tag{2-17}$$

式中：F_d 为任一评价对象维度 d 的评价分值（也即准则层分值）；F 为任一评价对象的评价分值（也即目标层分值）；w_i 为评价对象指标 i 相对于目标层的权重；w_d 为评价对象维度 d 相对于目标层的权重。

（3）将各层次评价分值与评价等级区间进行对比，得到评价等级结果。

2. 模糊识别评价

模糊识别评价是以美国数学家 Zadeh 教授的模糊数学为理论基础的一种评价方法（Zadeh，1965；Zhang et al.，2017）。模糊集理论适用于客观存在的模糊概念和模糊现象，理论核心是隶属度函数。模糊识别评价模型的计算步骤如下。

1）数据规格化处理

假设关于模糊概念 $\grave{A}$ 的评价有 m 个样本，每个样本均有 n 个指标特征值，则样本集可用指标特征值矩阵 $\boldsymbol{X} = (x_{ij})_{n \times m}$ 表示，x_{ij} 为样本 j 指标 i 的特征值（$i = 1$，2，$\cdots$，n；$j = 1$，2，$\cdots$，m）。依据 n 个指标，按照 c 个级别的指标标准值进行识别，则有指标标准特征值矩阵 $\boldsymbol{Y} = (y_{ih})_{n \times c}$，其中 y_{ih} 为指标 i 的级别 h 标准值（$h = 1$，2，$\cdots$，c）。

由于评价指标的量纲不同，在进行模糊识别时首先要消除量纲的影响，因此先对评价指标特征值矩阵 $\boldsymbol{X}$ 和指标标准值矩阵 $\boldsymbol{Y}$ 进行规格化处理，即得到 $\boldsymbol{X}$ 和 $\boldsymbol{Y}$ 的相对隶属矩阵。

对于正向指标，标准值 y_{ih} 随级别 h 的增大（更负面）而减小；对于负向指标，标准值 y_{ih} 随级别的增大而增大。正向指标和负向指标的规格化计算如式（2-18）和式（2-19）所示：

$$r_{ij} = \begin{cases} 0 & x_{ij} \leqslant y_{ic} \\ \dfrac{x_{ij} - y_{ic}}{y_{i1} - y_{ic}} & y_{ic} < x_{ij} < y_{i1} \\ 1 & x_{ij} \geqslant y_{i1} \end{cases} \tag{2-18}$$

$$r_{ij} = \begin{cases} 0 & x_{ij} \geqslant y_{ic} \\ \dfrac{x_{ij} - y_{ic}}{y_{i1} - y_{ic}} & y_{i1} < x_{ij} < y_{ic} \\ 1 & x_{ij} \leqslant y_{i1} \end{cases} \tag{2-19}$$

式中：r_{ij} 为样本 j 指标 i 的特征值对 $\grave{A}$ 的相对隶属度。

类似地，可得到指标 i 级别 h 标准值 y_{ih} 对 $\grave{A}$ 的规格化公式，正向指标和负向指标分别如式（2-20）和式（2-21）所示：

$$s_{ih} = \begin{cases} 0 & y_{ih} = y_{ic} \\ \dfrac{y_{ih} - y_{ic}}{y_{i1} - y_{ic}} & y_{ic} < y_{ih} < y_{i1} \\ 1 & y_{ih} = y_{i1} \end{cases} \tag{2-20}$$

$$s_{ih} = \begin{cases} 0 & y_{ih} = y_{ic} \\ \dfrac{y_{ih} - y_{ic}}{y_{i1} - y_{ic}} & y_{i1} < y_{ih} < y_{ic} \\ 1 & y_{ih} = y_{i1} \end{cases} \qquad (2\text{-}21)$$

式中：s_{ih} 为指标 i 级别 h 的标准值对 $\grave{A}$ 的相对隶属度。

经过以上处理后，得到相对隶属度矩阵 $\boldsymbol{R} = (r_{ij})_{n \times m}$ 和 $\boldsymbol{S} = (s_{ih})_{n \times c}$。

2）模糊识别模型构建

将样本 j 的 n 个指标相对隶属度 r_{1j}，r_{2j}，$\cdots$，r_{nj} 分别与矩阵 $\boldsymbol{S}$ 中的第 1，2，$\cdots$，n 行的行向量逐一进行比较，可得样本 j 的级别上限值 b_j 和级别下限值 a_j：$1 \leqslant a_j < b_j \leqslant c$。

设样本集对 $\grave{A}$ 各个级别的相对隶属度矩阵为

$$\boldsymbol{U} = (u_{hj})_{c \times n} \qquad (2\text{-}22)$$

满足约束：

$$\sum_{h=a_j}^{b_j} u_{hj} = 1 \ \text{且} \ \sum_{h=1}^{c} u_{hj} = 1 \qquad (2\text{-}23)$$

样本 j 与级别 h 之间的加权距离可定义为

$$D_{hj} = u_{hj} d_{hj} = u_{hj} \left\{ \sum_{i=1}^{n} \left[w_i (r_{ij} - s_{ih}) \right]^p \right\}^{\frac{1}{p}} \qquad (2\text{-}24)$$

式中：p 为距离参数，一般取值 2；w_i 为指标权重。

为了求解样本 j 对模糊概念 $\grave{A}$ 的级别 h 最优相对隶属度，建立目标函数：

$$\min \left\{ F(u_{hj}) = \sum_{h=a_j}^{b_j} D_{hj}^2 \right\} \qquad (2\text{-}25)$$

根据目标函数式（2-25）与约束条件式（2-23），构造拉格朗日函数，将等式约束求极值转化为无条件极值问题。设 λ_j 为拉格朗日乘数，则相应的拉格朗日函数为

$$L(u_{hj}, \lambda_j) = \sum_{h=a_j}^{b_j} u_{hj}^2 d_{hj}^2 - \lambda_j \left(\sum_{h=a_j}^{b_j} u_{hj} - 1 \right) \qquad (2\text{-}26)$$

解得模糊识别模型：

$$u_{hj} = \begin{cases} 0 & h < a_j \ \text{或} \ h > b_j \\ \dfrac{1}{\displaystyle\sum_{k=a_j}^{b_j} \left\{ \dfrac{\left[\sum\limits_{i=1}^{n} \left[w_i (r_{ij} - s_{ih}) \right]^p \right]^{\frac{2}{p}}}{\sum\limits_{i=1}^{n} \left[w_i (r_{ij} - s_{ik}) \right]^p} \right\}} & a_j \leqslant h \leqslant b_j \ \text{且} \ d_{hj} \neq 0 \\ 1 & d_{hj} = 0 \end{cases} \qquad (2\text{-}27)$$

3. 模糊综合评价法

模糊综合评价法同样以 Zadeh 教授的模糊数学隶属度理论为基础（Zadeh，1965），能够解决边界模糊问题，将定性指标定量化表示，以提高对评价对象的解释力。模糊综合评价法基本步骤如下（王富强等，2019，2021）。

（1）针对评价对象，构建多维度、多指标评价指标体系，确定评价指标阈值，以及评价指标权重向量 W。

（2）计算隶属度 r_{jk}，构建隶属度矩阵 R。

$$R = (r_{jk})_{n \times m} = \begin{bmatrix} r_{11} & \cdots & r_{1m} \\ \vdots & \ddots & \vdots \\ r_{n1} & \cdots & r_{nm} \end{bmatrix} \tag{2-28}$$

（3）计算隶属度矩阵 R 与权重向量 W 的乘积。

$$B = R \times W = (b_1, b_2, \cdots, b_n) \tag{2-29}$$

（4）计算综合评价指数（comprehensive evaluation index，CEI）。CEI 可以采用多目标线性加权方法计算，将反映评价对象的多个指标转化为一个综合性指数。

$$\text{CEI} = \frac{1}{n} \times \{b_1 \times n + b_2 \times (n-1) + \cdots + b_n\} \tag{2-30}$$

4. 云模型

云模型由李德毅院士提出，是一种处理定性概念与定量表示的不确定转换模型（李德毅等，1995；李德毅和刘常昱，2004；李德毅和杜鹢，2005）。云模型可分为两种类型，一种是正向云发生器（由定性概念推求定量表示）；另一种是逆向云发生器（由定量表示推求定性概念）。云模型作为对概率论和模糊数学的补充，考虑了模糊性和随机性两者的关联性。云模型的主要技术细节如下。

1）隶属函数

隶属函数是模糊数学的核心，模糊数学通过隶属度将模糊现象精确数学化。云模型同样利用了隶属度的概念来表征模糊性。现实世界中，模糊现象多种多样，相应地隶属函数也有多种形式。通常，隶属函数的选取依赖于问题特征和使用者经验。隶属函数可大致分为以下 6 类，其中正态隶属函数应用最为广泛。

（1）线性隶属函数：$\mu_A(x) = 1 - kx$。

（2）Γ 隶属函数：$\mu_A(x) = \mathrm{e}^{-kx}$。

（3）凹（凸）形隶属函数：$\mu_A(x) = 1 - ax^k$。

（4）柯西隶属函数：$\mu_A(x) = 1 / (1 + kx^2)$。

（5）岭形隶属函数：$\mu_A(x) = \dfrac{1}{2} - \dfrac{1}{2}\sin\left[\left(\dfrac{\pi}{b-a}\right)\left(x - \dfrac{b-a}{2}\right)\right]$。

（6）正态隶属函数：$\mu_A(x) = \mathrm{e}^{\left[-(x-a)^2/2b^2\right]}$。

2）云与云滴

设有一精确数值表示的定量论域 U，C 为 U 内其中一个定性概念，x 为定性概念 C 的一次随机实现（$x \in U$），x 对定性概念 C 的确定度 $\mu(x) \in [0, 1]$，是一组倾向稳定的随机数。将所有 x 在论域 U 上构成的最终形态称为云，每一个 x 都是云的一个云滴。利用（x, μ）的联合分布来表征定性概念。云以经典的概率论和模糊数学为基础，将随机性与模糊性联系起来。云滴的实现是随机事件，可以由概率分布函数解释，反映了定性概念的随机性。云滴的确定度则体现了定性概念的模糊性。

3）云的数字特征

正态云有 3 个数字特征，即期望 E_x、熵 E_n 和超熵 H_e，如图 2-3 所示。

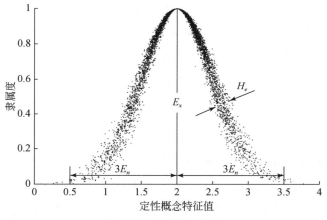

图 2-3 云的数字特征

期望 E_x：表示定性概念基本确定性的度量，是云滴在论域空间分布的数学期望。在云图上表现为对定性概念 C 确定度为 1 的点，是最能代表定性概念的点。

熵 E_n：表示定性概念不确定性的范围，涉及了定性概念的随机性和模糊性。随机性表现在熵反映了能够代表此定性概念的云滴的离散程度，模糊性表现在熵决定了可被定性概念接受的云滴的确定度。用同一个特征数字反映随机性和模糊性，恰恰体现了两者之间的关联。

超熵 H_e：也被称为二阶熵，是熵的不确定性度量。对于被大众普遍接受的常识性概念，其超熵较小；对于还未形成共识的概念，其超熵较大。超熵与熵之间的比值关系直接反映了所表征概念的共识程度。当 $H_e = 0$ 时，云滴呈严格高斯分布，则认为概念已形成共识。当 $H_e \in (0, E_n/3)$ 时，则概念还未形成共识，仍有不确定性。当 $H_e \geqslant E_n/3$ 时，则概念无法形成共识。

在数域空间,正态云模型不是明确的概率密度函数,也不是一条清晰的隶属函数曲线,而是由云发生器产生的众多云滴构成的泛正态数学映射图像,形态上像是一朵可变形、无明确边界、有弹性的云图。

4)云模型评价的基本步骤(Zhang et al.,2020)

(1)标准云。

根据评价对象的等级阈值范围,得到不同等级的期望E_x、熵E_n和超熵H_e,利用正向云发生器生成等级标准云图。3个数字特征的计算如式(2-31)至(2-33)所示:

$$E_x = \frac{T_{g\max} + T_{g\min}}{2} \qquad (2\text{-}31)$$

$$E_n = \frac{T_{g\max} - T_{g\min}}{6} \qquad (2\text{-}32)$$

$$H_e = kE_n \qquad (2\text{-}33)$$

式中:$T_{g\max}$和$T_{g\min}$分别为等级阈值范围的最大值和最小值;k为常数,根据研究问题确定。

(2)评价云。

将评价对象的特征值输入逆向云发生器,生成3个数字特征。将3个数字特征输入正向云发生器,生成代表评价对象的评价云图。逆向云发生器中3个数字特征的计算如式(2-34)至(2-36)所示:

$$E_x = \frac{1}{n} \sum_{i=1}^{n} x_i \qquad (2\text{-}34)$$

$$E_n = \sqrt{\frac{\pi}{2}} \frac{1}{n} \sum_{i=1}^{n} |x_i - E_x| \qquad (2\text{-}35)$$

$$H_e = \sqrt{\left| \frac{1}{n-1} \sum_{i=1}^{n} (x_i - E_x)^2 - E_n^{\,2} \right|} \qquad (2\text{-}36)$$

式中:x_i为输入逆向云发生器的评价对象特征值;n为输入数据的数量。

(3)评价结果。

将评价云与标准云进行对比,计算评价云在各评价等级中的隶属度。

2.4 典型区评价和诊断案例

水循环健康与水资源安全同人类生存环境、社会经济可持续发展息息相关,是最受关注的国际问题之一,科学评价水循环健康和水资源安全具有重要意义(UNDP,2006;WWAP,2009)。广大学者和各国政府高度重视,围绕全球和区域等不同空间尺度问题开展了大量的工作(Vörösmarty et al.,2000,2010;Milly et al.,2005;Piao et al.,2010;

Haddeland et al., 2014; Amores et al., 2013; Uche et al., 2015)。

全球尺度方面, 代表性工作有: Oki 和 Kanae (2006) 在 0.5°×0.5° 栅格尺度上模拟预测了现状和未来情景下全球水循环通量和世界水资源量, 采用人均水资源量和水短缺指数评价了全球水资源安全形势。Hanasaki 等 (2008a, 2008b) 在 1°×1° 栅格尺度上建立全球水文模型模拟了水资源量, 采用水短缺指数来定位全球缺水地区。Wada 等 (2011) 考虑气候变化和随社会经济发展不断攀升的用水需求, 在 0.5°×0.5° 栅格尺度上模拟了近期的全球水资源压力。

区域尺度方面, 国外的代表性工作有: Brouwer 和 Falkenmark (1989) 采用水短缺指数, 探讨了气候变化下水资源的演变, 评估了欧洲生态系统和淡水系统的可用性变化。Mubako 等 (2013) 量化了虚拟水的空间输移, 应用投入-产出模型对美国加利福尼亚州和伊利诺伊州的水资源安全状况进行了评价。Oziransky 等 (2014) 对以色列半干旱和干旱区的水资源状况进行了评价。Halkijevic 等 (2017) 基于神经模糊模型对克罗地亚 17 个公共供水系统的可持续性进行了评估。Kim 等 (2018) 考虑人类活动对水资源安全的威胁, 基于投资和效益两个维度的评价框架, 探究了韩国未来的水资源安全和可持续性。García-Sánchez 和 Güereca (2019) 考虑了墨西哥城整个供水系统, 包含水的提取和处理、运输、分配、使用、污水收集和废水处理, 采用生命周期评估方法, 评价了供水系统的环境和社会影响, 确定了重大影响及其来源。Saroj 等 (2020) 采用水资源贫困指数, 对尼泊尔 Koshi 河流域 27 个地区的水资源压力开展对比评价。

国内的代表性工作有: Liu 和 Sun (2019) 在 0.5°×0.5° 栅格尺度上研究了我国在 1.5℃ 和 2℃ 两种变暖条件下的水资源量变化和受影响人口。左其亭和张修宇 (2015) 计算了 RCP8.5、RCP4.5 和 RCP2.6 三种气候变化情景下塔里木河流域水资源的承载规模。金菊良等 (2008) 构建了流域水安全评价指标体系, 采用基于联系数的评价模型识别了巢湖流域水安全状况。王浩和胡鹏 (2020) 基于二元水循环视角、江恩慧等 (2020) 基于流域系统科学视角, 明确了保障黄河流域生态保护和高质量发展的重点区域和主攻方向。Wang 等 (2017) 对我国 655 个城市的市政水循环进行了研究评价, 指出我国北方 137 个城市暴露在缺水环境中, 跨流域调水和非常规水源能够解决市政用水的需求。程国栋 (2003) 与张志强和程国栋 (2004) 估算了西北新疆、青海、甘肃、陕西、宁夏等五省 (自治区) 的虚拟水量, 认为实施虚拟水策略, 可以平衡地区间粮食供给, 同时缓解少水地区的水资源短缺和生态环境保护压力。忽视虚拟水贸易可能加剧水资源短缺, Liu 和 Yang (2012) 指出由于我国长期忽视国际贸易的虚拟水, 在 1996~2005 年间造成了 235 亿 m³ 的虚拟水净损失。近年来, "虚拟水" 和 "水足迹" 概念逐渐引入到水资源承载力研究中, 为其提供了一个新的研究视角。龙爱华等 (2003) 认为以虚拟水概念为基础的水足迹能够真实地反映社会经济系统对水资源的消耗使用情况, 并以西北新疆、青海、甘肃和陕西四省区的水足迹估算为例，量化了人类活动对水资源的实际消耗。Zhang 等（2018）建立了模糊物元和投影寻踪模型的组合模型，将多个指标转化成综合指标，采用综合指标法评估了淮河的健康情况。Li 等（2018）开发了一种改进的基于 TOPSIS 的信息加权和排序方法，用于石头门口水库和太湖的水质评价。Zhang 等（2012）采用水资源贫困指数对我国内陆河流域之一、水资源极度短缺且过度开发的石羊河流域的水压力进行了评价。石卫等（2016）针对山东水资源供需矛盾和水生态环境问题，对省域内各个三级流域进行了水资源安全评价。

鉴于京津冀地区战略地位和水安全问题突出，许多学者针对京津冀地区及其所在的海河流域开展了大量工作，尤其是京津冀协同发展战略提出以来，围绕水资源承载力与安全诊断、需水分析与供水保障（王晶等，2014）、水资源优化配置（Martinsen et al.，2019）等方面涌现了大量研究成果。封志明和刘登伟（2006）基于水资源负载指数和人口指数，贾绍凤和张士锋（2003）、刘瑜洁等（2016）、鲍超和邹建军（2018）、韩雁等（2018）基于对水安全概念的理解，构建了不同的评价指标体系并引入了不同的综合评价模型，识别了京津冀水资源安全时空格局，评价了水资源安全保障情势，认为京津冀地区属于混合型缺水，包括管理型缺水、水质型缺水、资源型缺水；京津冀地区水资源本底差，开发程度和利用效率高，且空间上不均衡，近年来呈现向好的综合趋势特征；外调水资源一定程度上提升了京津冀地区水资源安全保障能力。

第3章 京津冀水资源现状和近期趋势特征

为掌握京津冀水资源的现状和近期趋势特征，本章收集整理了2000年以来《中国水资源公报》（中华人民共和国水利部，2000～2018）关于京津冀三地的水资源数据，与《中国水资源及其开发利用调查评价》（水利部水利水电规划设计总院，2014）历史长系列数据进行对比，并从最严格水资源管理"三条红线"量、效、质三个层面开展讨论分析。分别识别了降水量、水资源量、供水量、用水量、用水消耗量、用水指标、河流水质的现状和近期趋势特征（Li et al.，2019a）。

3.1 降 水 量

京津冀地区2000年前后降水量对比如图3-1所示。近期（2001～2018年）北京、天津、河北和京津冀降水量分别为529mm、545mm、496mm和501mm，较历史长系列（1956～2000年）分别减少9.6%、5.2%、6.8%和6.0%。总的来说，京津冀地区降水量近期虽有一定程度减少，但减幅比例有限。

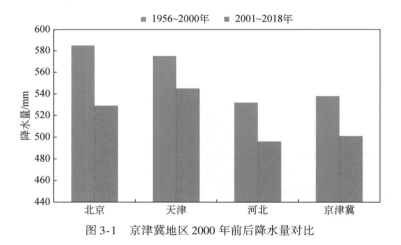

图3-1 京津冀地区2000年前后降水量对比

3.2 水 资 源 量

京津冀地区2000年前后地表水、地下水、水资源总量对比如图3-2所示。总体上看，

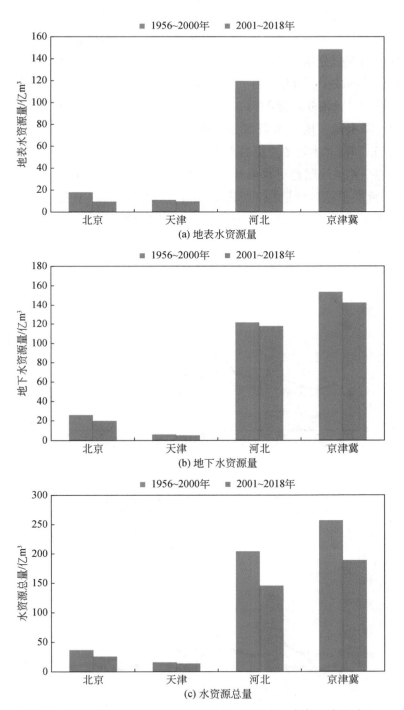

图 3-2　京津冀地区 2000 年前后地表水、地下水、水资源总量对比

京津冀地区地表水、地下水、水资源总量近期多年平均分别为 80.4 亿 m³、142.8 亿 m³、185.4 亿 m³，历史长系列多年平均分别为 149.0 亿 m³、154.0 亿 m³、258.0 亿 m³，近期较历史多年平均的变幅分别为 –46.0%、–7.3%、–28.1%，表明水资源总量的减少主要由于地表水资源量的减少。分地区看，北京地表水资源量、北京地下水资源量、河北地表水资源量显著减少，减幅分别为 47.8%、24.2%、48.8%。

京津冀三地降水量、地表水资源量、地下水资源量、水资源总量近期趋势特征如图 3-3 所示。北京和河北水资源总量的主要组成为地下水资源量，而天津为地表水资源量。

京津冀三地平原区浅层地下水累计蓄水变量近期趋势特征如图 3-4 所示（假设 2000 年为零）。天津近期平原区浅层地下水累计蓄水变量基本维持不变，北京在经历 2000 ~ 2014 年下降后开始企稳回升，河北在近期呈波动下降趋势。

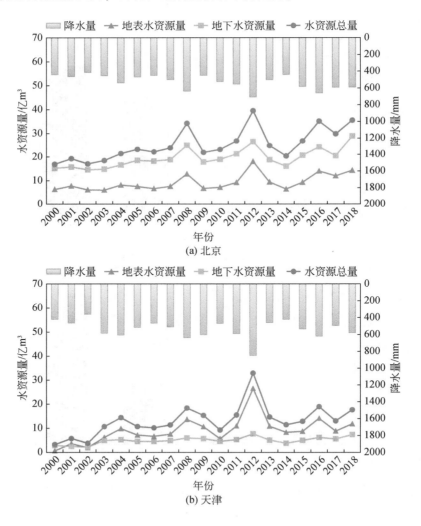

(a) 北京

(b) 天津

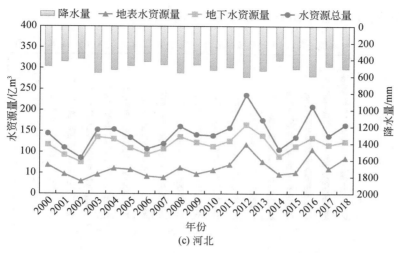

(c) 河北

图 3-3　京津冀三地降水、地表水、地下水、水资源总量近期趋势特征

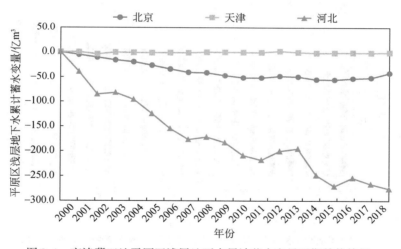

图 3-4　京津冀三地平原区浅层地下水累计蓄水变量近期趋势特征

3.3　供　水　量

京津冀三地供水量近期趋势特征如图 3-5 所示。

北京 2000 年供水总量为 40.5 亿 m³，其中本地地表水、浅层地下水供给分别为 13.3 亿 m³、27.2 亿 m³（占比分别为 32.8%、67.2%）；2018 年供水总量为 39.4 亿 m³，其中本地地表水、跨流域调水、浅层地下水、其他水源供给分别为 3.0 亿 m³、9.3 亿 m³、16.3 亿 m³、10.8 亿 m³（占比分别为 7.6%、23.6%、41.4%、27.4%）；另外，过渡期 2003～2010 年还利用了深层承压水。2018 年，北京的跨流域调水和其他水源占供水比例的一半以上，浅层地下水供给量较 2000 年有明显减少。

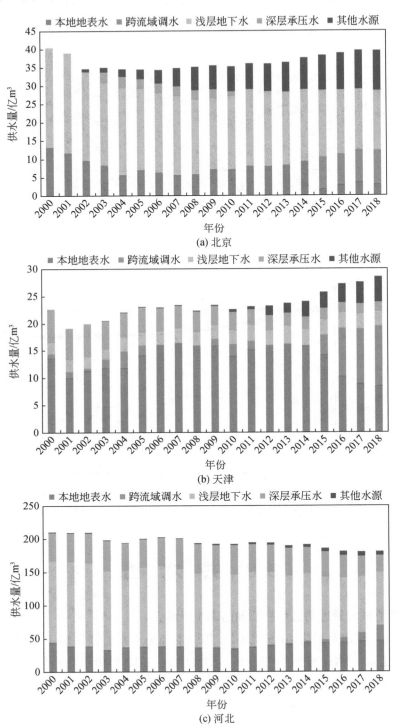

图 3-5　京津冀三地供水量近期趋势特征

天津 2000 年供水总量为 22.6 亿 m³，其中本地地表水、跨流域调水、浅层地下水、深层承压水供给分别为 13.6 亿 m³、0.8 亿 m³、2.2 亿 m³、6.0 亿 m³（占比分别为 60.0%、3.6%、9.9%、26.5%）；2018 年供水总量为 28.5 亿 m³，其中本地地表水、跨流域调水、浅层地下水、深层承压水、其他水源供给分别为 8.5 亿 m³、11.0 亿 m³、2.7 亿 m³、1.7 亿 m³、4.6 亿 m³（占比分别为 29.8%、38.6%、9.5%、6.0%、16.1%）。2018 年，天津的跨流域调水和其他水源占供水比例的一半以上，本地地表水供给量较 2000 年大幅减少。

河北 2000 年供水总量为 212.3 亿 m³，其中本地地表水、跨流域调水、浅层地下水、深层承压水、其他水源供给分别为 44.6 亿 m³、0.8 亿 m³、124.1 亿 m³、41.9 亿 m³、0.9 亿 m³（占比分别为 21.0%、0.4%、58.5%、19.7%、0.4%）；2018 年供水总量为 182.3 亿 m³，其中本地地表水、跨流域调水、浅层地下水、深层承压水、其他水源供给分别为 47.1 亿 m³、23.3 亿 m³、81.3 亿 m³、24.8 亿 m³、5.8 亿 m³（占比分别为 25.8%、12.8%、44.6%、13.6%、3.2%）。2018 年，河北的跨流域调水和其他水源供水比例较低，浅层地下水和深层承压水供给量较 2000 年大幅减少，但比例仍然较高。

总的来说，2000~2018 年，北京供水总量略有减少，天津有一定增加，河北有一定减少；京津冀地区供水水源由本地地表水和地下水为主，转变为本地地表水、地下水、跨流域调水、其他水源等多源方式；地下水尤其是深层承压水利用得到了有效控制；随着跨流域调水和其他水源供水比例逐渐提高，本地地表水和地下水得到恢复，可以推断区域的水生态环境将逐步得到改善。

3.4 用 水 量

京津冀三地用水量近期趋势特征如图 3-6 所示。

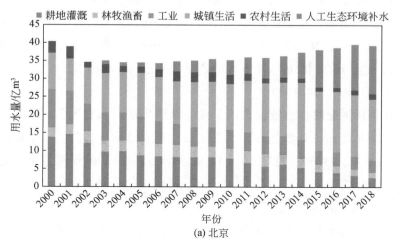

(a) 北京

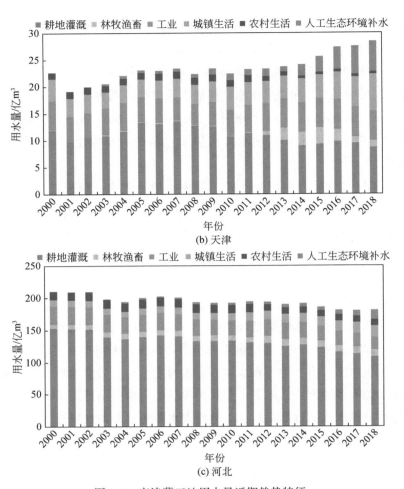

(b) 天津

(c) 河北

图 3-6　京津冀三地用水量近期趋势特征

北京 2000 年耕地灌溉、林牧渔畜、工业、城镇生活、农村生活、人工生态环境补水用水量分别为 13.8 亿 m³、2.7 亿 m³、10.5 亿 m³、10.2 亿 m³、3.2 亿 m³、0 亿 m³（占比分别为 34.2%、6.7%、26.0%、25.2%、7.9%、0%）；2018 年分别为 2.6 亿 m³、1.6 亿 m³、3.3 亿 m³、16.9 亿 m³、1.5 亿 m³、13.4 亿 m³（占比分别为 6.6%、4.1%、8.4%、43.0%、3.8%、34.1%）。

天津 2000 年耕地灌溉、林牧渔畜、工业、城镇生活、农村生活、人工生态环境补水用水量分别为 11.9 亿 m³、0.2 亿 m³、5.3 亿 m³、4.1 亿 m³、1.2 亿 m³、0 亿 m³（占比分别为 52.6%、0.8%、23.6%、17.9%、5.1%、0%）；2018 年分别为 8.7 亿 m³、1.3 亿 m³、5.4 亿 m³、6.9 亿 m³、0.5 亿 m³、5.6 亿 m³（占比分别为 30.6%、4.6%、19.0%、24.3%、1.8%、19.7%）。

河北 2000 年耕地灌溉、林牧渔畜、工业、城镇生活、农村生活、人工生态环境补水用水量分别为 154.6 亿 m³、7.1 亿 m³、27.3 亿 m³、10.4 亿 m³、12.7 亿 m³、0 亿 m³（占比分别为 72.9%、3.3%、12.9%、4.9%、6.0%、0%）；2018 年分别为 109.9 亿 m³、11.2 亿 m³、19.1 亿 m³、18.1 亿 m³、9.7 亿 m³、14.5 亿 m³（占比分别为 60.3%、6.1%、10.5%、9.9%、5.3%、7.9%）。

总的来说，2000~2018 年，京津冀地区生活、生态用水比例不断提高，农业和工业用水比例大幅压缩。分地区来看，北京农业、工业用水比例较低，2018 年为 19.1%，生活、生态用水比例较高，2018 年为 80.9%；天津农业、工业用水与生活、生态用水比例接近，2018 年分别为 54.2% 和 45.8%；河北农业、工业用水比例较高，2018 年为 76.9%，生活、生态用水比例较低，2018 年为 23.1%。

图 3-7 为京津冀地区 GDP、人口和用水总量三者之间的关系。可以看出，2000~2018 年期间，京津冀地区 GDP 增长 825%，人口增长 23.5%，用水总量下降 9.1%，表明京津冀地区用水水平不断提高。

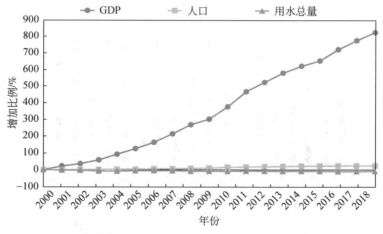

图 3-7　京津冀地区 GDP、人口和用水总量三者之间的关系

3.5　用水消耗量

京津冀三地用水消耗量近期趋势特征如图 3-8 所示。

北京 2000 年用水消耗总量为 22.7 亿 m³，耗水率为 56.4%，其中耕地灌溉、林牧渔畜、工业、城镇生活、农村生活、人工生态环境补水用水消耗量分别为 12.4 亿 m³、2.4 亿 m³、2.4 亿 m³、2.3 亿 m³、3.2 亿 m³、0 亿 m³（占比分别为 54.5%、10.6%、10.6%、10.3%、14.0%、0%）；2018 年用水消耗总量为 20.0 亿 m³，耗水率为 51.0%，其中各项用水消耗量分别为 2.3 亿 m³、1.4 亿 m³、1.2 亿 m³、4.8 亿 m³、0 亿 m³、10.3 亿 m³（占比分别为 11.5%、7.0%、6.0%、24.0%、0%、51.5%）。

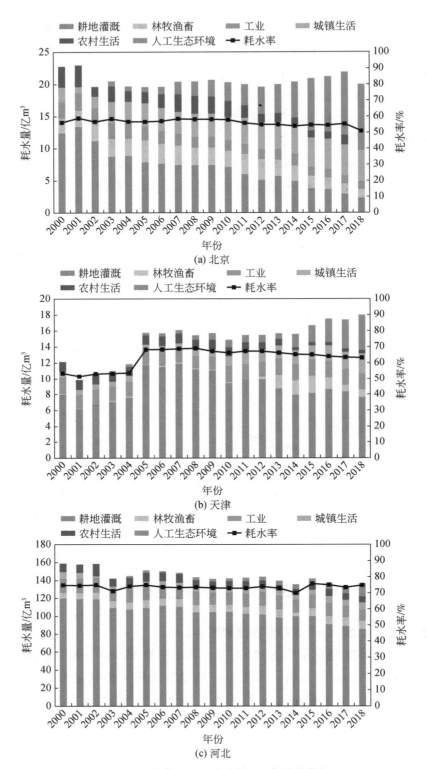

图 3-8　京津冀三地用水消耗量近期趋势特征

天津 2000 年用水消耗总量为 12.1 亿 m^3 ，耗水率为 53.4% ，其中耕地灌溉、林牧渔畜、工业、城镇生活、农村生活、人工生态环境补水用水消耗量分别为 8.0 亿 m^3 、0.2 亿 m^3 、2.0 亿 m^3 、0.8 亿 m^3 、1.1 亿 m^3 、0 亿 m^3 （占比分别为 65.8% 、1.3% 、16.9% 、6.4% 、9.6% 、0% ）；2018 年用水消耗总量为 17.9 亿 m^3 ，耗水率为 62.9% ，其中各项用水消耗量分别为 7.6 亿 m^3 、1.0 亿 m^3 、2.0 亿 m^3 、2.5 亿 m^3 、0.4 亿 m^3 、4.4 亿 m^3 （占比分别为 42.4% 、5.6% 、11.2% 、14.0% 、2.2% 、24.6% ）。

河北 2000 年用水消耗总量为 158.8 亿 m^3 ，耗水率为 74.9% ，其中耕地灌溉、林牧渔畜、工业、城镇生活、农村生活、人工生态环境补水用水消耗量分别为 120.1 亿 m^3 、6.8 亿 m^3 、15.2 亿 m^3 、7.5 亿 m^3 、9.2 亿 m^3 、0 亿 m^3 （占比分别为 75.6% 、4.3% 、9.6% 、4.7% 、5.8% 、0% ）；2018 年用水消耗总量为 136.7 亿 m^3 ，耗水率为 74.9% ，其中各项用水消耗量分别为 85.4 亿 m^3 、10.0 亿 m^3 、12.0 亿 m^3 、7.9 亿 m^3 、6.9 亿 m^3 、14.5 亿 m^3 （占比分别为 62.5% 、7.3% 、8.8% 、5.8% 、5.0% 、10.6% ）。

总的来说，北京、河北的用水消耗量有所减少，天津有所增加；2000 年，京津冀地区用水消耗量以耕地灌溉为主，至 2018 年有不同程度减少，其中减幅由大到小分别为北京、天津、河北；人工生态环境补水用水消耗量占比不断增加，其中增幅由大到小分别为北京、天津、河北。

3.6 用 水 指 标

京津冀三地主要用水指标近期趋势特征如图 3-9 所示。其中，人均用水量、万元 GDP 用水量反映总体用水效率；农田灌溉水有效利用系数、万元工业增加值用水量、人均生活用水量分别反映农业、工业、生活用水效率；水资源开发利用率为供/用水总量与水资源总量之比。

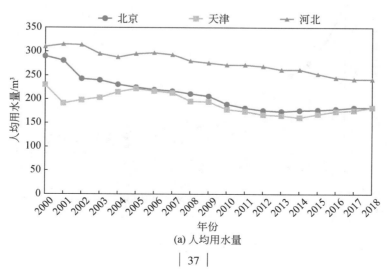

(a) 人均用水量

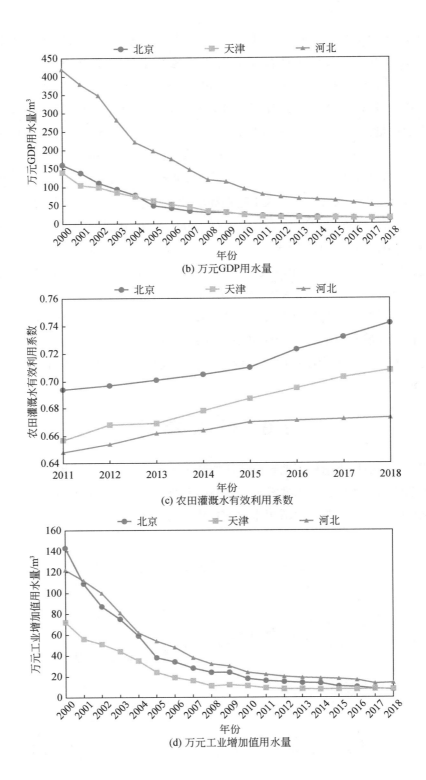

(b) 万元GDP用水量

(c) 农田灌溉水有效利用系数

(d) 万元工业增加值用水量

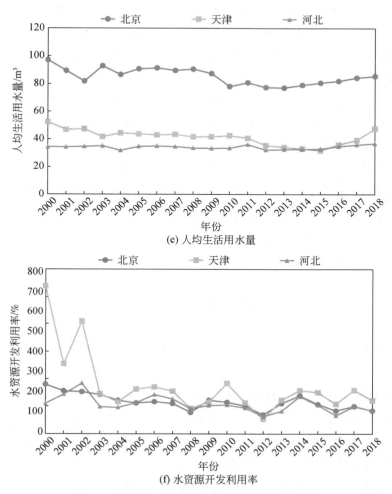

图 3-9 京津冀三地主要用水指标近期趋势特征

2000~2018 年，北京、天津、河北人均用水量分别从 290m³、230m³、310m³ 减少至 182m³、182m³、242m³（减幅分别为 37.2%、20.9%、21.9%），三地均低于全国平均水平（2018 年 432m³）。万元 GDP 用水量分别从 160m³、140m³、420m³ 减少至 13.0m³、15.1m³、50.7m³（减幅分别为 91.9%、89.2%、87.9%），三地均低于全国平均水平（2018 年 66.8m³）。趋势上看，北京、天津人均用水量和万元 GDP 用水量接近且明显小于河北，表明北京和天津用水效率较高，河北节水还有进一步挖潜空间。

农业用水效率方面，北京、天津、河北农田灌溉水有效利用系数分别从 2011 年的 0.694、0.657、0.648 提高至 2018 年的 0.742、0.708、0.673（增幅分别为 6.9%、7.8%、3.9%），北京水平最高，其次是天津，河北最低，三地均高于全国平均水平（2018 年 0.554）。

工业用水效率方面，北京、天津、河北万元工业增加值用水量分别从 2000 年的 143m³、72 m³、122 m³减少至 2018 年的 7.5 m³、7.8 m³、13.9 m³（减幅分别为 94.8%、89.2%、88.6%），天津水平最高，其次是北京，河北最低，三地均低于全国平均水平（2018 年 41.3m³）。

生活用水效率方面，北京、天津、河北人均生活用水量分别在 85m³、40 m³、35 m³上下浮动，然而人均生活用水量高并不意味着生活用水效率低，因为服务业用水也统计在生活用水口径中，这反映了北京的服务业相比天津和河北更为发达。

就水资源开发利用率而言，北京、天津、河北除在特别丰水年外均超出 100%，表明该地区水资源保障的自给自足能力存在明显不足，这一状况的长期维持有赖于深层承压水、跨流域调水、再生水等其他水源的大规模利用。

分析上述用水指标可以看出，2000～2018 年，京津冀三地各项主要用水效率均有明显提高，这主要归功于全社会节水意识的提高及先进节水工艺的发展。

3.7　河流水质

以河流水质表征水资源质量，京津冀三地分类河长占评价河长比例近期趋势特征如图 3-10 所示。

2000～2018 年，北京Ⅰ～Ⅲ类、Ⅳ～Ⅴ类、劣Ⅴ类河长占比多年平均值分别为 80.7%、4.8%、14.5%，天津分别为 17.1%、15.1%、67.8%，河北分别为 46.5%、13.0%、40.5%。北京河流水质最优，尤其是Ⅱ类河长占比逐年攀升（2018 年达 75.7%）；其次是河北，近几年Ⅰ～Ⅴ类河长占比不断提高（2018 年达 75.3%）且结构不断优化；最次是天津，尽管近年来水质状况总体改善（2018 年劣Ⅴ类河长占比达 38.5%），

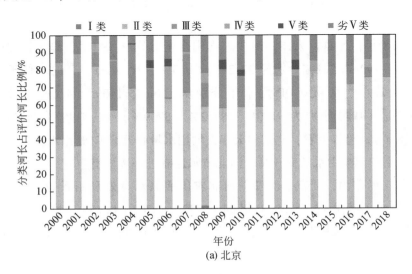

(a) 北京

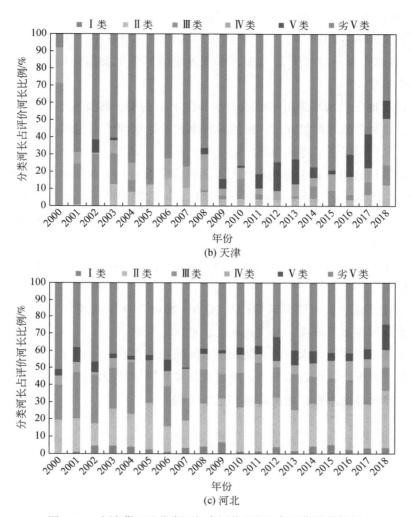

(b) 天津

(c) 河北

图 3-10　京津冀三地分类河长占评价河长比例近期趋势特征

然而由于本底较差（2005 年劣 V 类河长占比达 87.4%），水质状况仍不容乐观。总的来说，在近期南水北调水不断输入的背景下，京津冀地区水资源质量得到明显提升。未来随着区域协同发展战略实施，人口转移和产业结构调整升级，区域水资源质量还将不断提升。

3.8　本 章 小 结

本章收集整理了《中国水资源公报》21 世纪以来的数据资料，以及《中国水资源及其开发利用调查评价》的历史长系列数据资料，从最严格水资源管理"三条红线"量、效、质三个层面开展讨论分析。主要结论包括：

（1）近期（2001～2018年）与历史长系列（1956～2000年）相比，京津冀地区降水量减少6.0%，水资源总量减少28.1%，水资源量的减少主要由于地表水资源量的减少，减幅达46.0%。

（2）京津冀地区供水水源由本地地表水和地下水为主，转变为本地地表水、地下水、跨流域调水、其他水源等多源方式，跨流域调水和其他水源供水比例不断提高，地下水尤其是深层承压水利用得到了有效控制。

（3）京津冀地区生活和生态用水比例不断提高，农业和工业用水比例大幅压缩，其中北京和天津的生活和生态用水逐步占据主导地位，河北的生产用水仍然居于主导地位。

（4）北京、天津、河北2000年用水消耗量以耕地灌溉为主，至2018年有不同程度减少，人工生态环境补水用水消耗量占比不断增加。

（5）由于全社会节水意识的提高和先进节水工艺的发展，京津冀三地各项主要用水效率均有明显提高。

（6）以河流水质表征水资源质量，从2000～2018年Ⅰ～Ⅲ类、Ⅳ～Ⅴ类、劣Ⅴ类河长占比看，北京河流水质最优，其次是河北，最次是天津。

综上，尽管京津冀地区水资源短缺和质量问题仍然存在，但供水、用水、耗水等结构不断优化，水资源综合状况逐步改善，随着京津冀协同发展战略实施和跨流域调水工程的不断通水，京津冀地区水资源状况将得到进一步提升。

第4章 京津冀水循环健康评价的空间分布特征

本章识别了京津冀水循环健康状况的空间分布特征。内容包括：基于水循环的二元特征，构建了涵盖水生态、水质量、水丰度、水利用4个准则层17个指标项的区域水循环健康评价指标体系；综合了层次分析法和熵权法，确定了评价指标的权重；参考各类标准、相关研究等，确定了评价指标的健康等级阈值；采用综合指数法、模糊识别评价法、云模型3种评价方法，得到了京津冀水循环健康多年平均（2010~2014年）评价结果，给出了京津冀水循环健康状况的空间分布（Zhang et al.，2017，2019，2020；范威威，2018）。

4.1 评价指标体系

京津冀地区为强人类活动区，开展区域水循环健康评价需要考虑其自然-社会二元特征。从实现京津冀健康水循环这一总体目标出发，构建涵盖水生态、水质量、水丰度、水利用4个准则层17个指标项的评价指标体系，如图4-1所示。需要说明的是，当指标值越大，评价结果越健康，则为正向指标；当指标值越大，评价结果越不健康，则为负向指标。

水生态维度反映了水生态文明建设水平，是水循环自然属性的重要体现。水生态维度采用4个评价指标来表征。其中，生态需水保证率指标体现了生态需水的保障程度，该指标值大小直接反映了人类取用水行为对水生态的影响。建成区绿化覆盖率指标体现了建成区绿化水平，该指标值越高越有利于维持水生态环境。针对京津冀地区地下水突出问题及其可能带来的生态破坏，考虑了平原区地下水埋深变化量和地下水开采系数两个指标，体现了区域地下水开采现状和动态变化趋势。

生态需水保证率（A_1）（%）：

$$\text{Eco} = \text{Rep}/\text{De} \tag{4-1}$$

式中：Eco 为生态需水保证率；Rep 为生态补水量；De 为生态需水量。

建成区绿化覆盖率（A_2）（%）：

$$\text{CR} = \text{Ga}/\text{Ca} \tag{4-2}$$

式中：CR 为建成区绿化覆盖率；Ga 为区域绿化面积；Ca 为区域面积。

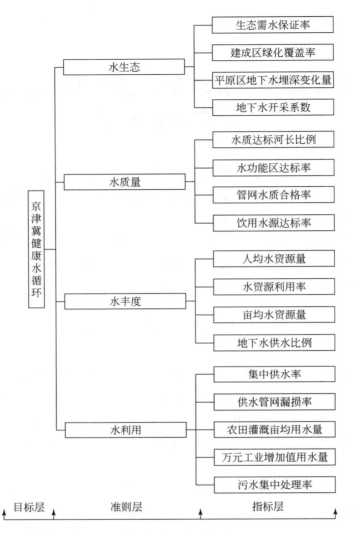

图 4-1　水循环健康评价指标体系

平原区地下水埋深变化量（A_3）（m）：

$$\Delta D = \mathrm{Dep}_{i+1} - \mathrm{Dep}_i \tag{4-3}$$

式中：ΔD 为变化量；Dep_{i+1} 为第 $i+1$ 年地下水埋深；Dep_i 为第 i 年地下水埋深。

地下水开采系数（A_4）：

$$\mathrm{Exp} = \mathrm{Ex}/\mathrm{Cex} \tag{4-4}$$

式中：Exp 为地下水开采系数；Ex 为地下水开采量；Cex 为地下水可开采量。

水质量维度反映了研究区域的水质状况，也反映了人类活动给水环境带来的影响，是观察社会水循环状况的一个重要视角。水质量维度采用 4 个评价指标来表征。其中，水质达标河长比例和水功能区达标率两个指标分别反映了河流的水质状况与五类功能区的水质达标状况,为水资源开发、利用、节约、管理等提供了科学依据。用水安全是社会水循环的重要功能之一,为此考虑了管网水质合格率和饮用水源达标率两个指标,分别从供水和水源两方面反映人类饮用水安全程度。

水质达标河长比例(B_1)(%):

$$Qua = std/S_w \tag{4-5}$$

式中:Qua 为水质达标(Ⅲ类水及以上)河长比例;std 为达到Ⅲ类水及以上标准的河长;S_w 为监测河长中的有水河长。

水功能区达标率(B_2)(%):

$$Fuc = num/Num \tag{4-6}$$

式中:Fuc 为水功能区达标率;num 为水功能区达标个数;Num 为水功能区总数。

管网水质合格率(B_3)(%):

$$Pips = Ts/T \tag{4-7}$$

式中:Pips 为管网水质合格率;Ts 为检测合格时间;T 为检测总时间。

饮用水源达标率(B_4)(%):

$$Dri = tim/Tim \tag{4-8}$$

式中:Dri 为饮用水源达标率;tim 为检测合格时间;Tim 为检测总时间。

水丰度维度与自然地理因素相关,也是水循环自然属性的重要体现。水丰度维度采用4个评价指标来表征。其中,人均水资源量和亩均水资源量两个指标一定程度上反映了区域水资源承载力情况,人口过多或灌溉面积过大都与稀缺的水资源量不匹配。水资源利用率指标体现了区域经济社会发展对当地水资源开发的程度,过高的水资源利用率是社会侧枝对水循环健康造成负面影响的重要原因。地下水供水比例指标反映了供水对地下水的依赖程度,过度利用地下水会破坏地下水系统的良性循环,进而威胁水循环的健康状况。

人均水资源量(C_1)(m^3):

$$Per = Tol/Pou \tag{4-9}$$

式中:Per 为人均水资源量;Tol 为水资源总量;Pou 为人口数量。

水资源利用率(C_2)(%):

$$Uti = (Sur+Grd)/Tol \tag{4-10}$$

式中:Uti 为水资源利用率;Sur 为地表水利用量;Grd 为地下水利用量。

亩均水资源量(C_3)(m^3):

$$Awrpm = Tol/Area \tag{4-11}$$

式中:Awrpm 为亩均水资源量;Area 为灌溉面积。

地下水供水比例（C_4）（%）：

$$Dsup = a / Tsup \tag{4-12}$$

式中：Dsup 为地下水供水比例；a 为地下水供水量；Tsup 为总供水量。

水利用维度主要涉及供水、用水、排水、回水等社会水循环的重要过程。水利用维度采用 5 个评价指标来表征。其中，集中供水率和供水管网漏损率两个指标分别从供水和输水效率方面反映供输水系统的运行效率。农田灌溉亩均用水量和万元工业增加值用水量两个指标分别从农业和工业上反映水利用效率。污水集中处理率反映了社会用水的排放处理和后续回用情况。

集中供水率（D_1）（%）：

$$Cen = C / Tsup \tag{4-13}$$

式中：Cen 为集中供水率；C 为集中供水量。

供水管网漏损率（D_2）（%）：

$$Lea = U / C \tag{4-14}$$

式中：Lea 为管网漏损率；U 为漏损量。

农田灌溉亩均用水量（D_3）（m^3）：

$$Quo = Agi / Area \tag{4-15}$$

式中：Quo 为农田灌溉亩均用水量；Agi 为农田灌溉用水量。

万元工业增加值用水量（D_4）（m^3）：

$$Iavw = Iwc / Iav \tag{4-16}$$

式中：Iavw 为万元工业增加值用水量；Iwc 为工业用水量；Iav 为工业增加值。

污水集中处理率（D_5）（%）：

$$Sctr = Stc / Sq \tag{4-17}$$

式中：Sctr 为污水集中处理率；Stc 为污水集中处理量；Sq 为污水总量。

4.2 评价指标权重

4.2.1 层次分析法

采用主观赋权法层次分析法，计算京津冀水循环健康评价指标体系各指标权重。以水生态准则层为例的各指标判断矩阵及一致性检验结果如表 4-1 所示。基于层次分析法的京津冀水循环健康评价指标权重结果如表 4-2 所示。

表 4-1　以水生态准则层为例的各指标判断矩阵及一致性检验结果

指标	A_1	A_2	A_3	A_4
A_1：生态需水保证率	1	4	3	2
A_2：建成区绿化覆盖率	1/4	1	2	1/3
A_3：平原区地下水埋深变化量	1/3	1/2	1	1/2
A_4：地下水开采系数	1/2	3	2	1
$\lambda_{max} = 4.15324$				
C. I $= (4.15324 - 4)/(4 - 1) = 0.05108$				
C. R $=$ C. I/R. I $= 0.05108/0.89 = 0.05739 < 0.10$，通过一致性检验。				

表 4-2　基于层次分析法的京津冀水循环健康评价指标权重结果

目标层	准则层相对于目标层权重	指标层相对于准则层权重	指标层相对于目标层权重
京津冀健康水循环	A：水生态（0.417）	A_1：生态需水保证率（0.470）	0.196
		A_2：建成区绿化覆盖率（0.136）	0.057
		A_3：平原区地下水埋深变化量（0.114）	0.048
		A_4：地下水开采系数（0.280）	0.117
	B：水质量（0.295）	B_1：水质达标河长比例（0.280）	0.082
		B_2：水功能区达标率（0.470）	0.139
		B_3：管网水质合格率（0.136）	0.040
		B_4：饮用水源达标率（0.114）	0.034
	C：水丰度（0.129）	C_1：人均水资源量（0.253）	0.033
		C_2：水资源利用率（0.426）	0.055
		C_3：亩均水资源量（0.174）	0.023
		C_4：地下水供水比例（0.146）	0.019
	D：水利用（0.158）	D_1：集中供水率（0.097）	0.024
		D_2：供水管网漏损率（0.153）	0.037
		D_3：农田灌溉亩均用水量（0.076）	0.013
		D_4：万元工业增加值用水量（0.227）	0.057
		D_5：污水集中处理率（0.125）	0.028

4.2.2　熵权法

采用客观赋权法熵权法，计算京津冀水循环健康评价指标体系各指标权重。以京津冀各市域生态需水保证率（正向指标）和地下水开采系数（负向指标）两指标为例，原始数据如表4-3所示，数据标准化结果如表4-4所示。

表4-3 京津冀各市域生态需水保证率和地下水开采系数原始数据

市域\指标	石家庄市	保定市	沧州市	承德市	邯郸市	衡水市	廊坊市
生态需水保证率/%	53.30	62.00	87.30	100.00	66.51	62.26	76.57
地下水开采系数	1.64	1.63	1.11	0.32	1.34	1.39	1.93

市域\指标	秦皇岛市	唐山市	邢台市	张家口市	天津市	北京市	
生态需水保证率/%	100.00	100.00	64.89	100.00	12.37	54.54	
地下水开采系数	0.70	0.97	1.49	0.53	1.14	1.03	

表4-4 京津冀各市域生态需水保证率和地下水开采系数标准化结果

市域\指标	石家庄市	保定市	沧州市	承德市	邯郸市	衡水市	廊坊市
生态需水保证率/%	0.4671	0.5664	0.8551	1.0000	0.6178	0.5693	0.7326
地下水开采系数	0.1801	0.1863	0.5093	1.0000	0.3665	0.3354	0.0000

市域\指标	秦皇岛市	唐山市	邢台市	张家口市	天津市	北京市	
生态需水保证率/%	1.0000	1.0000	0.5993	1.0000	0.0000	0.4812	
地下水开采系数	0.7640	0.5963	0.2733	0.8708	0.4907	0.5590	

京津冀各市域生态需水保证率和地下水开采系数信息熵计算过程如表4-5和表4-6所示。

表4-5 京津冀各市域生态需水保证率与地下水开采系数的 p_{ij}

市域\指标	石家庄市	保定市	沧州市	承德市	邯郸市	衡水市	廊坊市
生态需水保证率/%	0.0525	0.0637	0.0962	0.1125	0.0695	0.0640	0.0824
地下水开采系数	0.0294	0.0304	0.0831	0.1631	0.0598	0.0547	0.0000

市域\指标	秦皇岛市	唐山市	邢台市	张家口市	天津市	北京市	
生态需水保证率/%	0.1125	0.1125	0.0674	0.1125	0.0000	0.0541	
地下水开采系数	0.1246	0.0972	0.0446	0.1420	0.0800	0.0912	

表 4-6 京津冀各市域生态需水保证率与地下水开采系数的 $p_{ij}/\ln p_{ij}$

指标 ＼ 市域	石家庄市	保定市	沧州市	承德市	邯郸市	衡水市	廊坊市
生态需水保证率/%	−0.1548	−0.1754	−0.2252	−0.2458	−0.1853	−0.1760	−0.2057
地下水开采系数	−0.1036	−0.1062	−0.2067	−0.2958	−0.1684	−0.1590	0.0000

指标 ＼ 市域	秦皇岛市	唐山市	邢台市	张家口市	天津市	北京市
生态需水保证率/%	−0.2458	−0.2458	−0.1818	−0.2458	0.0000	−0.1579
地下水开采系数	−0.2595	−0.2266	−0.1386	−0.2772	−0.2021	−0.2184

生态需水保证率信息熵：$-1/\ln 13 \times \sum\limits_{i=1}^{13} p_{i1} \ln p_{i1} = 0.9534$

地下水开采系数信息熵：$-1/\ln 13 \times \sum\limits_{i=1}^{13} p_{i4} \ln p_{i4} = 0.9209$

基于熵权法的京津冀水循环健康评价指标权重结果如表 4-7 所示。

表 4-7 基于熵权法的京津冀水循环健康评价指标权重结果

指标	A_1	A_2	A_3	A_4	B_1	B_2	B_3	B_4	C_1
权重	0.031	0.045	0.044	0.052	0.074	0.051	0.022	0.028	0.155
指标	C_2	C_3	C_4	D_1	D_2	D_3	D_4	D_5	
权重	0.055	0.099	0.103	0.040	0.078	0.044	0.029	0.051	

4.2.3 综合权重法

将主客观赋权法组合，即采用综合权重法，计算京津冀水循环健康评价指标体系各指标权重，如表 4-8 所示。

表 4-8 基于综合权重法的京津冀水循环健康评价指标权重结果

指标	层次分析法	熵权法	综合权重法	
	指标层相对目标层	指标层相对目标层	指标层相对目标层	准则层相对目标层
A_1：生态需水保证率	0.1961	0.0308	0.1173	
A_2：建成区绿化覆盖率	0.0566	0.0445	0.0489	
A_3：平原区地下水埋深变化量	0.0476	0.0436	0.0403	0.3250
A_4：地下水开采系数	0.1166	0.0523	0.1185	

续表

指标	层次分析法	熵权法	综合权重法	
	指标层相对目标层	指标层相对目标层	指标层相对目标层	准则层相对目标层
B_1：水质达标河长比例	0.0825	0.0745	0.1193	0.2916
B_2：水功能区达标率	0.1387	0.0506	0.1364	
B_3：管网水质合格率	0.0401	0.0224	0.0174	
B_4：饮用水源达标率	0.0337	0.0283	0.0185	
C_1：人均水资源量	0.0328	0.1550	0.0987	0.2387
C_2：水资源利用率	0.0552	0.0549	0.0588	
C_3：亩均水资源量	0.0225	0.0989	0.0432	
C_4：地下水供水比例	0.0189	0.1033	0.0380	
D_1：集中供水率	0.0238	0.0401	0.0185	0.1448
D_2：供水管网漏损率	0.0372	0.0779	0.0563	
D_3：农田灌溉亩均用水量	0.0128	0.0436	0.0108	
D_4：万元工业增加值用水量	0.0565	0.0286	0.0314	
D_5：污水集中处理率	0.0283	0.0506	0.0278	

4.3 评价指标阈值

参照各类标准、研究区和其他地区前期工作，以非常健康、健康、亚健康、病态、严重病态 5 个等级描述京津冀地区水循环健康状况，对应健康评分分别为 4~5、3~4、2~3、1~2、0~1。各评价指标健康等级阈值如表 4-9 所示。

表 4-9 京津冀水循环健康评价指标健康等级阈值

准则层	指标层	单位	健康等级				
			非常健康	健康	亚健康	病态	严重病态
			[5, 4]	(4, 3]	(3, 2]	(2, 1]	(1, 0]
水生态 A	A_1：生态需水保证率	%	[120, 100]	(100, 90]	(90, 50]	(50, 30]	(30, 0]
	A_2：建成区绿化覆盖率	%	[70, 50]	(50, 40]	(40, 30]	(30, 20]	(20, 0]
	A_3：平原区地下水埋深变化量	m	[-2, -1.5]	(-1.5, 0]	(0, 1.5]	(1.5, 2]	(2, 3]
	A_4：地下水开采系数	-	[0, 0.3]	(0.3, 0.5]	(0.5, 1]	(1, 1.2]	(1.2, 2]
水质量 B	B_1：水质达标河长比例	%	[100, 95]	(95, 80]	(80, 50]	(50, 30]	(30, 0]
	B_2：水功能区达标率	%	[100, 95]	(95, 80]	(80, 50]	(50, 30]	(30, 0]
	B_3：管网水质合格率	%	[100, 99]	(99, 98]	(98, 95]	(95, 90]	(90, 0]
	B_4：饮用水源达标率	%	[100, 99]	(99, 98]	(98, 95]	(95, 90]	(90, 0]

续表

准则层	指标层	单位	健康等级				
			非常健康	健康	亚健康	病态	严重病态
			[5, 4]	(4, 3]	(3, 2]	(2, 1]	(1, 0]
水丰度 C	C_1: 人均水资源量	m³	[1200, 500)	[500, 400)	[400, 200)	[200, 100)	[100, 0]
	C_2: 水资源利用率	%	[20, 30)	(30, 50]	(50, 70]	(70, 90]	(90, 200]
	C_3: 亩均水资源量	m³	[1800, 1500]	(1500, 1000]	(1000, 800]	(800, 500]	(500, 0]
	C_4: 地下水供水比例	%	[10, 15]	(15, 25]	(25, 40]	(40, 50]	(50, 100]
水利用 D	D_1: 集中供水率	%	[100, 90]	[90, 80)	[80, 60)	[60, 40)	[40, 0]
	D_2: 供水管网漏损率	%	[0, 5]	(5, 10]	(10, 15]	(15, 20]	(20, 30]
	D_3: 农田灌溉亩均用水量	m³	[50, 200]	(200, 300]	(300, 400]	(400, 500]	(500, 800]
	D_4: 万元工业增加值用水量	m³	[8, 10]	(10, 20]	(20, 35]	(35, 50]	(50, 100]
	D_5: 污水集中处理率	%	[100, 98]	(98, 95]	(95, 80]	(80, 70]	(70, 0]

4.4 评 价 方 法

本节收集整理了各类公报、年鉴等资料,包括北京市水资源公报、天津市水资源公报、河北省水资源公报、河北水利统计年鉴、北京市统计年鉴、中国环境统计年鉴、中国水利统计年鉴、城市供水年鉴等,计算了评价指标的多年平均值(2010~2014年)。采用综合指数法、模糊识别评价法、云模型3种评价方法,对京津冀地区13个市域开展水循环健康评价。其中,综合指数法可以直接得到水循环健康评价得分。模糊识别评价法可以给出水循环健康评价指标的不同等级隶属度,从而处理边界模糊问题。云模型可以兼顾考虑模糊性和随机性。3种评价方法从精确性评价,到考虑模糊性,再到考虑模糊性和随机性,从简单到复杂,层层递进。3种评价方法优势互补,丰富了评价结果形式和内容,保证了评价结果可靠性。

4.4.1 综合指数法

采用综合指数法,分别计算京津冀13个市域的水循环健康指标评分。其中,以石家庄为例,指标层评价结果如表4-10所示,准则层和目标层评价结果如下所示。

表 4-10 基于综合指数法的石家庄水循环健康指标层评价结果

指标	A_1	A_2	A_3	A_4	B_1	B_2	B_3	B_4	C_1
原值	53.30%	48.98%	0.11	1.64	12.20%	57.60%	99.90%	100.00%	229
评分	2.08	3.90	2.93	0.45	0.41	2.25	4.90	5.00	2.15

指标	C_2	C_3	C_4	D_1	D_2	D_3	D_4	D_5	
原值	147%	230.75	77.50%	57.80%	22.35%	245	31.5	96%	
评分	0.48	0.46	0.45	1.89	0.77	3.55	2.23	3.03	

水生态准则层评分：$(2.08 \times 0.1173 + 3.9 \times 0.0489 + 2.93 \times 0.0403 + 0.45 \times 0.1185)/0.325 = 1.87$

水质量准则层评分：$(0.41 \times 0.1193 + 2.25 \times 0.1364 + 4.9 \times 0.0174 + 5.00 \times 0.0185)/0.2916 = 1.83$

水丰度准则层评分：$(2.15 \times 0.0987 + 0.48 \times 0.0588 + 0.46 \times 0.0432 + 0.45 \times 0.038)/0.2387 = 1.16$

水利用准则层评分：$(1.89 \times 0.0185 + 0.77 \times 0.0563 + 3.55 \times 0.0108 + 2.23 \times 0.0314 + 3.03 \times 0.0278)/0.1448 = 1.87$

水循环健康目标层评分：$1.87 \times 0.325 + 1.83 \times 0.2916 + 1.16 \times 0.2387 + 1.87 \times 0.1448 = 1.69$

4.4.2 模糊识别评价法

采用模糊识别评价法，分别开展京津冀13个市域的水循环健康评价。其中，以石家庄为例，指标特征值规格化结果如表4-11所示，指标标准值规格化结果如表4-12所示，准则层和目标层评价结果如表4-13所示。

表4-11 基于模糊识别评价法的石家庄水循环健康指标特征值规格化结果

指标	A_1	A_2	A_3	A_4	B_1	B_2	B_3	B_4	C_1
原值	53.30%	48.98%	0.11	1.64	12.20%	57.60%	99.90%	100.00%	229
相对隶属度	0.5330	0.9796	0.6422	0.0000	0.1284	0.6063	1.0000	1.0000	0.4580

指标	C_2	C_3	C_4	D_1	D_2	D_3	D_4	D_5
原值	147%	230.75	77.50%	57.80%	22.35%	245	31.5	96%
相对隶属度	0.3118	0.1538	0.2647	0.6422	0.3060	0.9250	0.7611	0.9781

表4-12 基于模糊识别评价法的石家庄水循环健康指标标准值规格化结果

健康等级 指标	非常健康	健康	亚健康	病态	严重病态
A_1	1.0000	0.9000	0.5000	0.3000	0.0000

指标 健康等级	非常健康	健康	亚健康	病态	严重病态
A_2	1.0000	0.8000	0.6000	0.4000	0.0000
A_3	1.0000	0.6667	0.3333	0.2222	0.0000
A_4	1.0000	0.7500	0.5833	0.1667	0.0000
B_1	1.0000	0.8421	0.5263	0.3158	0.0000
B_2	1.0000	0.8421	0.5263	0.3158	0.0000
B_3	1.0000	0.9899	0.9596	0.9091	0.0000
B_4	1.0000	0.9899	0.9596	0.9091	0.0000
C_1	1.0000	0.8000	0.4000	0.2000	0.0000
C_2	1.0000	0.8824	0.7647	0.6471	0.0000
C_3	1.0000	0.6667	0.5333	0.3333	0.0000
C_4	1.0000	0.8824	0.7059	0.5882	0.0000
D_1	1.0000	0.8889	0.6667	0.4444	0.0000
D_2	1.0000	0.8000	0.6000	0.4000	0.0000
D_3	1.0000	0.8333	0.6667	0.5000	0.0000
D_4	1.0000	0.8889	0.7222	0.5556	0.0000
D_5	1.0000	0.9694	0.8163	0.7143	0.0000

表 4-13 基于模糊识别评价法的石家庄水循环健康准则层和目标层评价结果

准则 健康等级	非常健康	健康	亚健康	病态	严重病态
水生态	0.0615	0.1079	0.2003	0.4761	0.1543
水质量	0.0470	0.0724	0.2377	0.5643	0.0787
水丰度	0.0759	0.1282	0.2557	0.3296	0.2107
水利用	0.0511	0.1026	0.2741	0.5272	0.0450
水循环健康	0.0664	0.1125	0.2396	0.4355	0.1460

4.4.3 云模型

采用云模型，分别开展京津冀 13 个市域的水循环健康评价。其中，对于任一评价指标，可采用 5 个标准云分别表征非常健康、健康、亚健康、病态、严重病态等 5 个健康等级，通过生成评价云并判断其相对于 5 个标准云的隶属度，从而确定评价指标的健康等级。以石家庄为例，地下水供水比例 5 个标准云（由左至右依次为非常健康、健康、亚健康、病态、严重病态，颜色由绿至黄再至红渐变）如图 4-2 所示，评价云（颜色为黑色）与标准云的关系如图 4-3 所示，隶属度计算结果如表 4-14 所示。

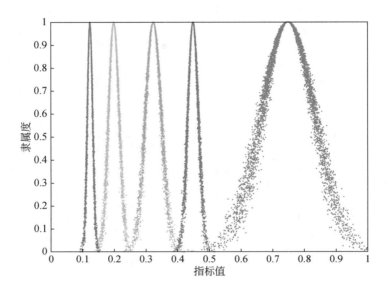

图 4-2　基于云模型的石家庄地下水供水比例标准云

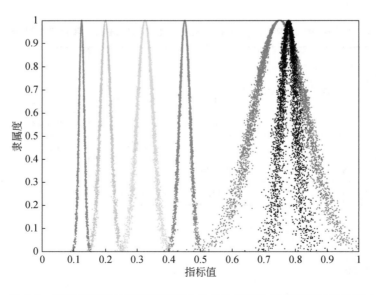

图 4-3　基于云模型的石家庄地下水供水比例评价云与标准云的关系

表 4-14　基于云模型的石家庄地下水供水比例隶属度计算结果

指标 ＼ 健康等级	严重病态	病态	亚健康	健康	非常健康
地下水供水比例	1.0000	0.0000	0.0000	0.0000	0.0000

4.5　评价结果

4.5.1　基于综合指数法和模糊识别评价法的评价结果

1. 指标层

基于综合指数法的京津冀市域水循环健康指标层评价结果如图 4-4 所示。

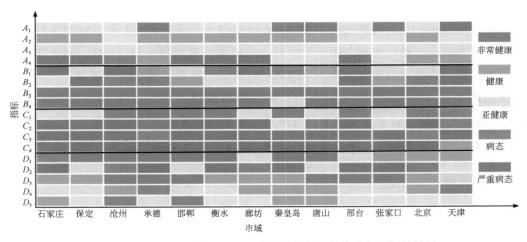

图 4-4　基于综合指数法的京津冀市域水循环健康指标层评价结果

（1）对于生态需水保证率（A_1），仅天津为严重病态，其他市域均为亚健康或非常健康，生态需水保障程度较高。对于建成区绿化覆盖率（A_2），京津冀 13 个市域总体表现健康，其中沧州、邢台、张家口、天津为亚健康（建成区绿化覆盖率低于 40%），其他 9 个市域为健康。对于平原区地下水埋深变化量（A_3），京津冀 13 个市域均为亚健康。对于地下水开采系数（A_4），承德接近非常健康，北京和天津刚好达到健康，其他大部分市域为严重病态。可以看出，地下水超采仍然是影响京津冀地区水生态健康的重要制约因素。

（2）对于水质达标河长比例（B_1）和水功能区达标率（B_2），京津冀各市域从健康到严重病态均有分布，地区内部差距明显，表现不均衡。其中，5 个市域 B_1 指标为严重病态，仅唐山和承德为健康；3 个市域 B_2 指标为严重病态，仅邯郸和张家口为健康。可以看出，水资源质量也是京津冀许多市域面临的主要问题。除衡水和秦皇岛的饮用水源达标率（B_4）分别为病态和亚健康，其他 11 个市域的管网水质合格率（B_3）与 B_4 指标均为非常健康。饮用水源安全关乎居民生命健康，是水资源实现社会服务功能的根本前提，需要加强对衡水和秦皇岛的饮用水源质量管理。

（3）对于人均水资源量（C_1），只有承德与秦皇岛大于 500m³，为非常健康，其他市域均为亚健康或病态。对于水资源利用率（C_2），京津冀大部分市域为严重病态。对于亩均水资源量（C_3），除承德和北京为病态，其他市域均为严重病态，表明京津冀地区农业用水严重不足。地下水供水比例（C_4）是水丰度维度中表现最差的指标，除天津为健康，其他市域均为严重病态，反映了京津冀地区对地下水供水依赖程度高。由此可见，资源型缺水是京津冀水循环中面临的突出问题，因此降低地下水开采量、合理涵养地下水对于京津冀地区可持续发展意义重大且迫在眉睫。

（4）对于集中供水率（D_1），除石家庄为病态，廊坊和邢台为亚健康，其他市域均为健康或非常健康，大部分市域集中供水程度较高。供水管网漏损率（D_2）是水利用维度中表现最差的指标，仅有北京为非常健康，6 个市域为严重病态，4 个市域为亚健康，剩余 2 个市域为病态，地区内部差距明显。对于农田灌溉亩均用水量（D_3），除天津为亚健康，其他市域均为健康或非常健康，京津冀地区农田灌溉用水效率整体较高。对于万元工业增加值用水量（D_4），承德为病态，天津为非常健康（万元工业增加值用水量不到 10m³），其他市域均为亚健康或健康，京津冀地区工业用水效率整体较高。对于污水集中处理率（D_5），京津冀所有市域均达到亚健康或以上，污水处理情况整体较好。

2. 准则层

基于综合指数法和模糊识别评价法的京津冀市域水循环健康准则层评价结果如图 4-5 和图 4-6 所示。

（1）水生态维度，京津冀地区平均得分 2.42，为亚健康。其中，京津冀地区北部张家口、承德、唐山、秦皇岛 4 个市域均为健康，维持着 100% 的生态需水保证率和较高的建成区绿化覆盖率，在很大程度上促进了水生态健康。沧州和北京为亚健康，其他 7 个市域均为病态（但得分接近亚健康）。维系水生态健康是实现健康水循环的重要一环。

（2）水质量维度，京津冀地区平均得分 2.11，为亚健康。其中，张家口和邯郸为健康，5 个市域为亚健康；6 个市域为病态（得分不到 2 分），表现为水质达标河长比例和水功能区达标率不高，水环境受到不同程度污染。有必要在水环境治理工作中充分抓住区域协同发展的历史机遇，加强交流合作，使区域整体水环境状况得到改善。

（3）水丰度维度，京津冀地区平均得分 1.53，为病态。京津冀地区水资源匮乏，仅承德（非常健康的隶属度为39%，健康的隶属度为27%）为健康，秦皇岛和张家口为亚健康，沧州（病态的隶属度为79%）和衡水（严重病态的隶属度为42%）为严重病态，其他市域为病态。显然，京津冀地区人口规模、发展水平与水资源禀赋不相适应，仅依靠本地水资源难以维持区域可持续发展。

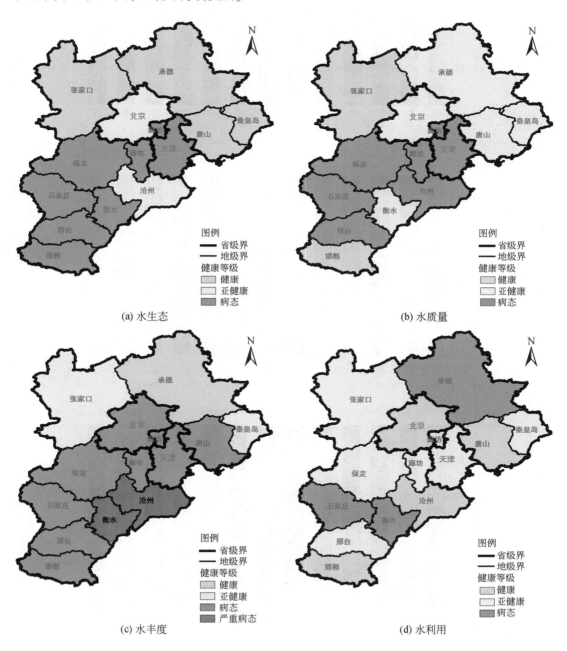

图 4-5　基于综合指数法的京津冀市域水循环健康准则层评价结果

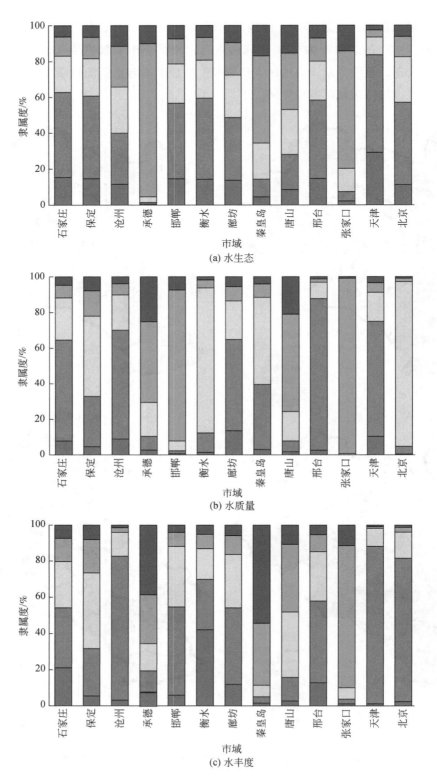

(a) 水生态

(b) 水质量

(c) 水丰度

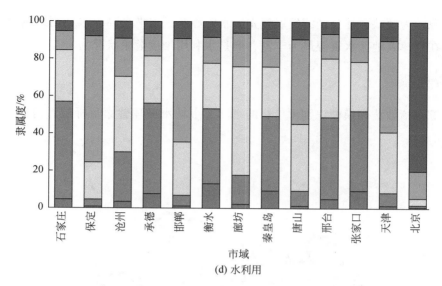

(d) 水利用

图 4-6 基于模糊识别评价法的京津冀市域水循环健康准则层评价结果

■ 非常健康 ■ 健康 □ 亚健康 ■ 病态 ■ 严重病态

（4）水利用维度，京津冀地区平均得分 2.57，为亚健康。水利用维度在 4 个维度中表现最为均衡和健康。石家庄（得分 1.87）、承德（得分 1.96）、衡水（得分 1.9）为病态，但是非常接近亚健康，需要进一步提高。北京、唐山、邯郸、沧州为健康，其中北京（非常健康的隶属度为 80%）以得分 3.69 成为表现最好的市域。亚健康市域中，天津（得分 2.98）和保定（得分 2.86）接近健康。在水资源严重匮乏的情形下，水资源高效利用能够很大程度上减小经济社会发展对水循环的负面影响，有利于实现水循环健康。

（5）区域水循环的自然属性主要由地理位置决定，因此京津冀地区邻近市域的水生态与水丰度呈现相似的健康状况。对于水生态维度，京津冀地区北部市域为健康，北京以南，除沧州为亚健康，其他市域均为病态。对于水丰度维度，仅有北部的承德为健康，与承德相邻的张家口、秦皇岛为亚健康，其他 10 个市域都为病态或严重病态，其中相邻的衡水和沧州为严重病态。

（6）区域水循环的社会属性主要由社会经济活动对于水资源的利用和保护情况决定，因此京津冀地区相邻市域的健康状况关联度较小。水质量维度反映了社会经济发展与水循环健康的平衡情况。水质量为病态的市域大都第二产业占比较大。其中，河北占比最高，其次是天津，只有北京是以环境负担较小的第三产业为主，而河北部分市域和天津的水质量为病态，北京的水质量为亚健康。水质量采用水质达标河长比例和水功能区达标率两个指标衡量河流及水功能区等水体的水质情况。大多数水体在地区间流动，因此京津冀市域间的互相影响依然存在，在一定程度上存在地理位置上的抱团分布。对于水利用维度，京津冀地区水资源利用效率参差不齐，健康状况分布更为分散，大都表现为亚健康和健康。

北京水资源较为短缺，社会经济发展领先，水资源利用水平最高，水利用维度健康状况最好。承德在京津冀地区水资源最为丰富，但是水利用维度健康状况为病态。

3. 目标层

基于综合指数法和模糊识别评价法的京津冀市域水循环健康目标层评价结果如图 4-7 和图 4-8 所示。

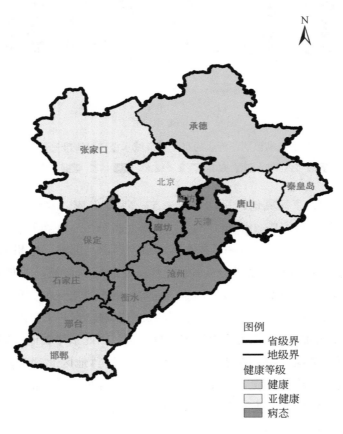

图 4-7　基于综合指数法的京津冀市域水循环健康目标层评价结果

综合指数法结果表明京津冀地区水循环健康平均得分 2.14，整体为亚健康。就空间分布来看，京津冀各市域水循环健康状况大都为病态或亚健康。7 个聚集于京津冀地区南部的市域主要为病态，北部主要为亚健康，由北至南健康状况逐渐恶化，具有明显的地区分布特征。其中，邢台表现最差，健康得分最低，模糊识别评价法显示邢台病态等级占比高达 49%。仅有承德表现为健康，模糊识别评价法显示健康和非常健康等级分别占比 30% 和 37%。张家口、北京、唐山、秦皇岛、邯郸都为亚健康，邯郸位于京津冀地区最南部，其余 4 个市域分布在承德两侧。

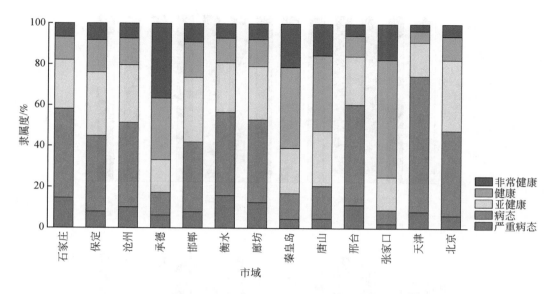

图 4-8 基于模糊识别评价的京津冀市域水循环健康目标层评价结果

4.5.2 基于云模型的评价结果

1. 准则层

基于云模型的京津冀市域水循环健康准则层评价结果如图 4-9 所示。

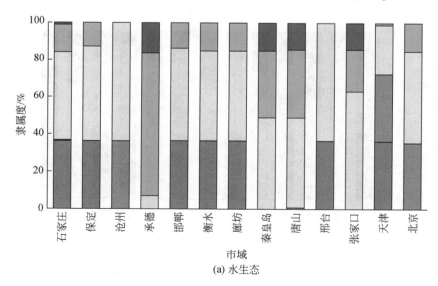

(a) 水生态

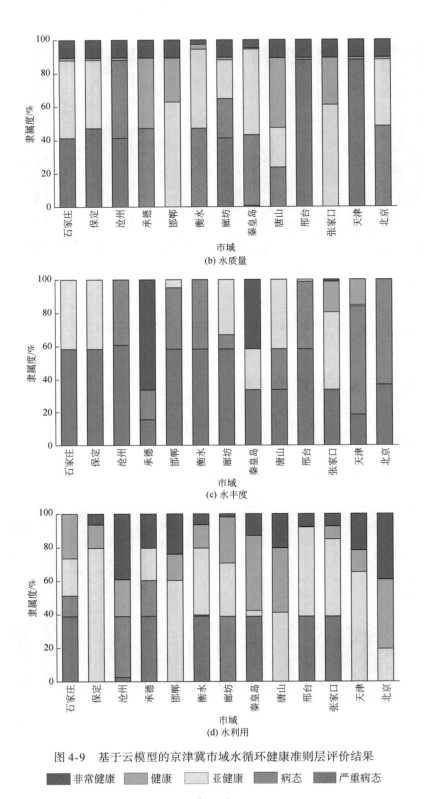

(b) 水质量

(c) 水丰度

(d) 水利用

图 4-9　基于云模型的京津冀市域水循环健康准则层评价结果

非常健康　　健康　　亚健康　　病态　　严重病态

（1）水生态维度，地区平均分布为严重病态（20%）、病态（8%）、亚健康（47%）、健康（20%）、非常健康（5%），最大隶属于亚健康。有 11 个市域最大隶属于亚健康，表明京津冀地区水生态维度整体表现为亚健康。另外两个市域表现截然相反，天津水生态维度表现最差，严重病态隶属度达 36%，病态隶属度达 36%；承德水生态维度表现最好，最大隶属于健康，达 77%。

（2）水质量维度，地区平均分布为严重病态（27%）、病态（21%）、亚健康（30%）、健康（12%）、非常健康（10%），最大隶属于亚健康，但是亚健康占比优势不明显。13 个市域各健康等级分布不一致，其中张家口水质量维度表现最好，亚健康、健康、非常健康隶属度分别为 61%、28%、11%，完全不隶属于病态或严重病态。天津和邢台水质量维度表现最差，严重病态隶属度高达 88%。京津冀地区内部水质量维度健康状况参差不齐，分布不均衡。

（3）水丰度维度，地区平均分布为严重病态（44%）、病态（26%）、亚健康（18%）、健康（3%）、非常健康（9%），最大隶属于严重病态。7 个市域严重病态隶属度超过 50%。沧州最缺水，严重病态和病态隶属度分别为 61% 和 39%。承德水资源最丰富，非常健康隶属度高达 66%。水丰度维度健康状况表现最差，这与京津冀地区资源性缺水的现实相符。

（4）水利用维度，地区平均分布为严重病态（18%）、病态（9%）、亚健康（37%）、健康（20%）、非常健康（16%），最大隶属于亚健康。水利用维度健康−非常健康隶属度为 36%，亚健康−健康−非常健康隶属度为 73%，均高于其他 3 个维度，是表现最好的维度。13 个市域中，北京水利用维度表现最好，亚健康、健康、非常健康隶属度为 19%、42%、39%。承德水利用维度表现最差，严重病态和病态隶属度分别为 39% 和 22%。京津冀地区水利用维度主要隶属于亚健康及以上，但是石家庄、承德、衡水、秦皇岛、邢台、张家口等 6 个市域严重病态隶属度达 39%。

（5）比较分析来看，水丰度维度最大隶属于严重病态，水生态、水质量、水利用维度最大隶属于亚健康，占比分别为 47%、30%、37%。水生态维度健康−非常健康占比 25%，水质量维度健康−非常健康占比 22%，水利用维度健康−非常健康占比 36%。水生态维度亚健康占比和健康−非常健康占比均高于水质量维度。尽管水利用维度亚健康占比低于水生态 10%，但是健康−非常健康占比却高于水生态 11%。因此，各维度健康状况排序为水利用优于水生态优于水质量优于水丰度。

（6）就空间分布来看，在水生态维度，石家庄、保定、邯郸、衡水、廊坊 5 个市域健康等级隶属度较为相似，并且除邯郸外其他 4 个市域在地理位置上接壤。张家口、承德、秦皇岛、唐山 4 个市域健康等级组成较为相似，都仅包括亚健康、健康、非常健康，同样在地理位置上接壤。由此可知，地理位置接近的市域可能具有相似的健康等级结构。对于水丰度维度，石家庄和保定这两个接壤的市域具有相似的健康等级分布。沧州、邯郸、衡水、廊坊、邢台相互接壤，健康等级分布相似，最大隶属于严重病态，除沧州隶属度为61%，其他市域隶属度均为59%。京津冀13个市域的水丰度维度健康等级分布主要为严重病态和病态组合或严重病态和亚健康组合。水丰度与水生态维度具有明显的健康等级分布规律，地区分布呈现出一定程度的一致性。水质量与水利用维度健康等级分布规律性不明显，13个市域健康等级分布表现不一致。水质量和水利用维度受社会经济活动影响，其表现不一致性与市域间发展程度具有相关性。

2. 目标层

基于云模型的京津冀市域水循环健康目标层评价结果如图4-10所示。

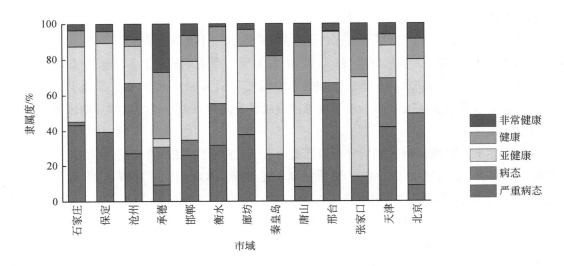

图4-10　基于云模型的京津冀市域水循环健康目标层评价结果

评价结果表明，对于京津冀地区水循环健康，严重病态-病态-亚健康-健康-非常健康隶属度分别为28%-16%-34%-13%-9%，最大隶属于亚健康。邢台健康状况表现最差，严重病态隶属度高达57%，主要归因于其病态的水丰度维度（严重病态和病态隶属度分别为59%和40%）以及严重病态的水质量维度（严重病态隶属度为88%）。承德健康状况表现最好，健康和非常健康隶属度达64%，主要归因于水循环自然属性表现良好，水丰度维度（非常健康隶属度为66%）和水生态维度（非常健康和健康隶属度为16%和77%）均评价较好。北京水循环健康状况介于正面和负面的临界点，亚健康-健康-非常健康隶属度为50%，病态为41%，严重病态为9%。天津水循环健康状况相对较差，严重病态隶属度为42%，病态为28%。

4.6 本章小结

本章基于水循环的二元特征，构建了区域水循环健康评价指标体系，包括4个准则层17个指标项，其中水循环的自然属性以水生态和水丰度维度表征，水循环的社会属性以水质量和水利用维度表征，采用综合指数法、模糊识别评价法、云模型3种评价方法，对京津冀地区13个市域开展水循环健康评价，识别了京津冀水循环健康状况的空间分布特征*。取得的主要结论包括：

（1）就目标层而言，云模型评价结果显示，京津冀地区水循环健康严重病态-病态-亚健康-健康-非常健康隶属度分别为28%-16%-34%-13%-9%，最大隶属于亚健康；综合指数法结果显示，京津冀地区平均分值2.14分，也指向亚健康；表明京津冀地区水循环健康状况总体为亚健康。就准则层而言，云模型评价结果显示，水生态维度严重病态-病态-亚健康-健康-非常健康隶属度分别为20%-8%-47%-20%-5%，水质量维度隶属度分别为27%-21%-30%-12%-10%，水丰度维度隶属度分别为44%-26%-18%-3%-9%，水利用维度隶属度分别为18%-9%-37%-20%-16%；综合指数法结果显示，水生态维度评分2.42，水质量维度2.11，水丰度维度1.53，水利用维度2.57。无论是云模型还是综合指数法的评价结果，各维度健康状况排序均为水利用优于水生态优于水质量优于水丰度。总的来说，云模型与综合指数法的评价结果基本一致。

（2）就表征水循环自然属性的水生态和水丰度维度而言，无论是综合指数法的健康评分结果还是云模型的健康等级隶属度结果，京津冀相邻市域大都具有相似的健康状态。也就是说，水循环自然属性具有区域连片影响的特征。因此，改善水循环自然属性，要着眼于区域整体，而不应局限于某一个局部地区。

（3）就表征水循环社会属性的水质量和水利用维度而言，评价结果显示京津冀各市域并没有明显的分布规律。总的来说，水质量和水利用维度从侧面体现了社会经济发展与水循环健康的平衡水平，发展程度越高的市域的水循环社会属性通常表现越健康。因此，水循环社会属性可以通过当地积极作为加以改善。

---

* 模糊识别评价法与云模型评价结果相似，因此以云模型的隶属度结果进行说明

第5章 京津冀水循环健康评价的时间演化特征

本章识别了京津冀水循环健康状况的时间演化特征。内容包括：考虑区域水资源–经济社会–生态环境的互馈关系，构建了涵盖水资源、水环境、水生态、水效用、水灾害5个准则层18个指标项的区域水循环健康评价指标体系；综合了层次分析法和熵权法，确定了评价指标的权重；参考各类标准、相关研究等，确定了评价指标的健康等级阈值；采用模糊综合评价法，评价了京津冀三地2009~2018年的水循环健康演进状况（王富强等，2021；刘沛衡，2020）。

5.1 评价指标体系

本章基于水循环的二元特征，构建了区域水循环健康评价指标体系，包括目标层、准则层、指标层3层结构，其中准则层包括水资源、水环境、水生态、水效用、水灾害5个维度，指标层包括18个评价指标项，如表5-1所示。需要说明的是，本章评价指标与第4章有所区别，包括引入了反映区域天然来水水平的降水量，反映区域水资源管理水平的最严格水资源管理落实考核等级，反映区域水生态水平的河湖调蓄能力和生态环境用水量，反映农业用水效率的农田灌溉水有效利用系数，反映生活用水效率的人均生活用水量，反映中水利用效率的中水供水率，反映抗灾能力的防洪排涝应急管理水平，反映救灾及恢复能力的人均GDP。

表 5-1 区域水循环健康评价指标体系

目标层	准则层	指标层	指标意义
京津冀健康水循环	水资源（A）	降水量（A_1）/mm	区域天然来水水平
		人均水资源量（A_2）/m³	区域水资源相对稀缺程度
		亩均水资源量（A_3）/m³	
		地下水供水比例（A_4）/%	区域供水水平
		最严格水资源管理落实考核等级（A_5）	区域水资源管理水平
	水环境（B）	水功能区达标率（B_1）/%	排水水质
		水质达标河长比例（B_2）/%	
		污水集中处理率（B_3）/%	回水水质

目标层	准则层	指标层	指标意义
京津冀健康水循环	水生态（C）	建成区绿地覆盖水平（C_1）/%	区域绿化水平
		河湖调蓄能力（C_2）	区域水生态水平
		生态环境用水量（C_3）/亿 m^3	
		平原区地下水埋深变化量（C_4）/m	区域地下水变化特征
	水效用（D）	农田灌溉水有效利用系数（D_1）	农业用水效率
		万元工业增加值用水量（D_2）/m^3	工业用水效率
		人均生活用水量（D_3）/m^3	生活用水效率
		中水供水率（D_4）/%	中水利用效率
	水灾害（E）	防洪排涝应急管理水平（E_1）	抗灾能力
		人均 GDP（E_2）/万元	救灾及恢复能力

5.2 评价指标权重

采用主观赋权法层次分析法以及客观赋权法熵权法，分别计算京津冀水循环健康评价指标体系各指标权重，进而采用综合权重法确定组合权重。基于层次分析法的京津冀水循环健康评价指标权重结果如表 5-2 所示，基于熵权法的京津冀水循环健康评价指标权重结果如表 5-3 所示，基于综合权重法的京津冀水循环健康评价指标权重结果如表 5-4 所示。

表 5-2 基于层次分析法的京津冀水循环健康评价指标权重结果

目标层	准则层相对于目标层权重	指标层相对于准则层权重	指标层相对于目标层权重
京津冀健康水循环	A（0.0975）	A_1（0.2618）	0.0255
		A_2（0.0624）	0.0061
		A_3（0.0986）	0.0096
		A_4（0.4162）	0.0406
		A_5（0.1611）	0.0157
	B（0.1602）	B_1（0.2970）	0.0476
		B_2（0.1634）	0.0262
		B_3（0.5296）	0.0865
	C（0.2634）	C_1（0.1603）	0.0422
		C_2（0.4668）	0.1230
		C_3（0.0953）	0.0251
		C_4（0.2776）	0.0731

续表

目标层	准则层相对于目标层权重	指标层相对于准则层权重	指标层相对于目标层权重
京津冀健康水循环	$D(0.4174)$	$D_1(0.1603)$	0.0669
		$D_2(0.2776)$	0.1159
		$D_3(0.0953)$	0.0398
		$D_4(0.4668)$	0.1949
	$E(0.0615)$	$E_1(0.6340)$	0.0390
		$E_2(0.3660)$	0.0225

表 5-3　基于熵权法的京津冀水循环健康评价指标权重结果

准则层	指标层	北京	天津	河北
水资源	降水量	0.052	0.058	0.055
	人均水资源量	0.047	0.084	0.054
	亩均水资源量	0.049	0.036	0.054
	地下水供水比例	0.079	0.074	0.058
	最严格水资源管理落实考核等级	0.017	0.041	0.060
水环境	水功能区达标率	0.031	0.035	0.058
	水质达标河长比例	0.036	0.034	0.055
	污水集中处理率	0.059	0.051	0.055
水生态	建成区绿地覆盖水平	0.080	0.103	0.055
	河湖调蓄能力	0.061	0.056	0.057
	生态环境用水量	0.055	0.041	0.053
	平原区地下水埋深变化量	0.113	0.074	0.053
水效用	农田灌溉水有效利用系数	0.046	0.061	0.055
	万元工业增加值用水量	0.044	0.018	0.053
	人均生活用水量	0.043	0.038	0.055
	中水供水率	0.072	0.058	0.057
水灾害	防洪排涝应急管理水平	0.065	0.052	0.057
	人均 GDP	0.052	0.087	0.056

表 5-4　基于综合权重法的京津冀水循环健康评价指标权重结果

指标层	北京	天津	河北
降水量	0.0392	0.0429	0.0407
人均水资源量	0.0182	0.0252	0.0197
亩均水资源量	0.0233	0.0208	0.0247

指标层	北京	天津	河北
地下水供水比例	0.0607	0.0613	0.0526
最严格水资源管理落实考核等级	0.0175	0.0285	0.0333
水功能区达标率	0.0411	0.0453	0.0568
水质达标河长比例	0.0329	0.0335	0.0413
污水集中处理率	0.0764	0.0739	0.0750
建成区绿地覆盖水平	0.0623	0.0737	0.0524
河湖调蓄能力	0.0927	0.0926	0.0908
生态环境用水量	0.0401	0.0358	0.0396
平原区地下水埋深变化量	0.0977	0.0824	0.0677
农田灌溉水有效利用系数	0.0595	0.0713	0.0657
万元工业增加值用水量	0.0769	0.0511	0.0851
人均生活用水量	0.0442	0.0434	0.0509
中水供水率	0.1268	0.1187	0.1142
防洪排涝应急管理水平	0.0541	0.0502	0.0511
人均 GDP	0.0366	0.0495	0.0386

5.3　评价指标阈值

参照各类标准、研究区和其他地区前期工作，以健康、亚健康、一般、亚病态、病态 5 个等级描述京津冀三地水循环健康状况。各评价指标健康等级阈值如表 5-5 所示。

表 5-5　京津冀水循环健康评价指标健康等级阈值

目标层	准则层	指标层	健康等级				
			健康	亚健康	一般	亚病态	病态
			5	(5, 4]	(4, 3]	(3, 2]	(2, 1]
京津冀健康水循环	水资源	降水量/mm	[650, 600)	[600, 550)	[550, 500)	[500, 450)	≤450 或>650
		人均水资源量/m³	[900, 500)	[500, 400)	[400, 200)	[200, 100)	≤100
		亩均水资源量/m³	≥1500	(1500, 1000]	(1000, 800]	(800, 500]	(500, 0]
		地下水供水比例/%	(10, 25]	(25, 40]	(40, 55]	(55, 70]	>70
		最严格水资源管理落实考核等级	优	良	合格	不合格	不合格
	水环境	水功能区达标率/%	[100, 90]	(90, 60]	(60, 40]	(40, 20]	(20, 0]
		水质达标河长比例/%	[100, 90]	(90, 70]	(70, 40]	(40, 30]	(30, 0]
		污水集中处理率/%	100	(100, 95]	(95, 80)	[80, 70]	≤70

续表

目标层	准则层	指标层	健康等级				
			健康	亚健康	一般	亚病态	病态
			5	(5, 4]	(4, 3]	(3, 2]	(2, 1]
京津冀健康水循环	水生态	建成区绿地覆盖水平/%	[100, 50]	(50, 40]	(40, 30]	(30, 20]	<20
		河湖调蓄能力	强	较强	一般	较弱	弱
		生态环境用水量/亿 m³	[25, 20)	[20, 15)	[15, 10)	[10, 5)	≤5
		平原区地下水埋深变化量/m	[-2.0, -1.5]	(-1.5, 0]	(0, 1.5]	(1.5, 2]	(2, 3]
	水效用	农田灌溉水有效利用系数	[0.85, 0.75]	[0.75, 0.65)	[0.65, 0.55)	[0.55, 0.45)	≤0.45
		万元工业增加值用水量/m³	(5, 15]	(15, 25]	(25, 45]	(45, 60]	>60
		人均生活用水量/m³	[100, 80)	[80, 60)	[60, 40)	[40, 20)	≤20
		中水供水率/%	[40, 30)	[30, 20)	[20, 10)	[10, 5)	≤5
	水灾害	防洪排涝应急管理水平	强	较强	一般	较弱	弱
		人均 GDP/万元	[20, 15)	[15, 10)	[10, 5)	[5, 1)	≤1

5.4　评价方法

　　本节收集整理了京津冀三地各类公报、年鉴等资料，内容涉及社会经济、自然地理、生态环境等，时间跨度覆盖 2009~2018 年，经处理得到了评价指标的原始数据。通过比较评价指标原始数据和健康等级阈值，可以得到京津冀三地任一评价指标的健康等级结果。进而，采用模糊综合评价法开展京津冀三地水循环健康状况综合评价。根据评价指标健康等级阈值，计算各指标的相对隶属度，进而通过结合评价指标权重，以及多目标线性加权计算，得到综合评价指数（CEI），可以用于表征多个评价指标的综合分值。本研究将 CEI 评分划分为健康、亚健康、一般、亚病态、病态 5 个等级，以表征京津冀三地水循环健康综合状况，如表 5-6 所示。

表 5-6　基于综合评价指数（CEI）的京津冀水循环健康等级阈值

水循环健康等级	CEI
健康	0.85≤CEI≤1.00
亚健康	0.7≤CEI<0.85
一般	0.55≤CEI<0.7
亚病态	0.4≤CEI<0.55
病态	CEI<0.4

5.5　评价结果

5.5.1　北京

北京水循环健康评价指标权重分布如图 5-1 所示。可以看出，准则层权重由高至低依次为 D（水效用）、C（水生态）、A（水资源）、B（水环境）、E（水灾害）。指标层权重排名前 5 位依次为 D_4（中水供水率）、C_4（平原区地下水埋深变化量）、C_2（河湖调蓄能力）、D_2（万元工业增加值用水量）、B_3（污水集中处理率）。D_4 和 B_3 权重高，表明污水的处理和使用是影响北京水循环健康的重要指标。C_4 和 A_4（地下水供水比例，排在第 7位）权重也相对较高，表明地下水利用程度及其水位变化也深刻影响北京水循环健康。

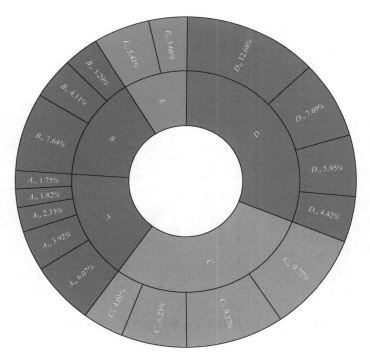

图 5-1　北京水循环健康评价指标权重分布

2009～2018 年北京水循环健康评价指标层色阶图如图 5-2 所示。2009～2018 年北京水循环健康评价准则层堆积图如图 5-3 所示。堆积图总面积代表目标层的 CEI 评分，各部分堆积面积代表准则层的 CEI 评分。可以看出，2009～2018 年北京目标层 CEI 评分呈逐年升高的趋势特征，由 2009 年的一般到 2013 年的亚健康再到 2017 年的健康，表明研究期内北京水循环健康状况整体上有大幅提升。5个准则层变化趋势具体如下。

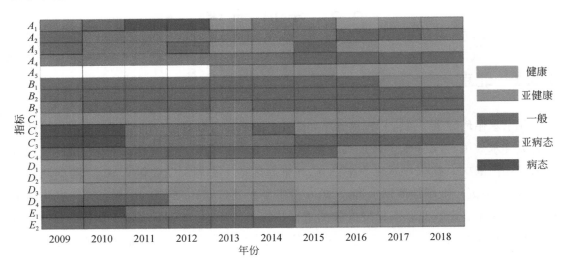

图 5-2 2009～2018 年北京水循环健康评价指标层色阶图

由于《实行最严格水资源管理制度考核办法》发布于 2013 年 1 月 2 日,因此 A_5 指标 2009～2012 年无评价等级,图中显示为空白,后同

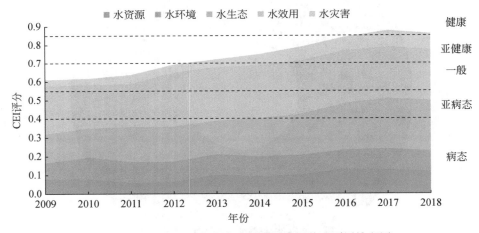

图 5-3 2009～2018 年北京水循环健康评价准则层堆积图

1. 水资源准则层

研究期内,北京水资源准则层 CEI 评分在 2011 年出现了下降,2012 年略有回升,在其他年份呈现较为稳定的缓慢上升趋势。这主要归因于 A_1(降水量)在 2011 年由一般转为病态,出现了大幅下降。在 2013 年 A_1 有所改善,转为亚健康。另外,自 2013 年起开始实行最严格水资源管理制度,A_5(最严格水资源管理落实考核等级)出现评分,使得此后

水资源准则层 CEI 评分出现了较大提升。在 5 个指标中，A_1 由于受降水丰枯水平影响，表现最不稳定，从健康到病态均有出现。A_2（人均水资源量）相对稳定，以一般和亚病态交替出现，人均水资源量压力较大。A_3（亩均水资源量）变化较大，亚病态至健康均有出现，整体呈逐渐变好趋势，自 2017 年起表现为健康，亩均水资源量压力逐渐减小。A_4（地下水供水比例）相对稳定，在 2014 年以前表现为亚病态，之后表现为一般，地下水供给量正在逐渐减小，表明地下水保护措施已见成效。A_5 自实行最严格水资源管理制度以来，由亚健康逐渐变为健康，且近三年保持稳定。总的来说，北京作为政治、经济、文化等中心，人口数量大，水资源量相对有限并且难以得到较快改善，导致水资源准则层 CEI 评分相对较差。人均水资源量较少、地下水供水比例较大仍是其主要问题，而相关政策落实到位，水资源管理行之有效则是其主要优势。

2. 水环境准则层

研究期内，北京水环境准则层 CEI 评分较为稳定，只有在 2009 年 CEI 评分相对较低。在 3 个指标中，仅 B_3（污水集中处理率）在 2009 年和 2013 年出现亚病态，其他时间 3 个指标均为一般及以上状态。B_1（水功能区达标率）自 2017 年以来逐渐表现为亚健康。B_2（水质达标河长比例）相对稳定，基本表现为一般。总的来说，北京研究期内水环境状况表现稳定，近两年有一定程度提升。

3. 水生态准则层

研究期内，北京水生态准则层 CEI 评分变化较大，自 2009 年起逐渐提升，对提升北京目标层 CEI 评分有较大贡献。C_2（河湖调蓄能力）和 C_3（生态环境用水量）的改善是水生态准则层 CEI 评分逐渐升高的主要原因。自 2009 年起，两指标呈现逐渐上升趋势。其中，C_2 上升最为明显，由病态逐渐转为健康，且在研究期内维持在健康水平。C_3 则由病态逐渐转为一般，且在研究期内维持在一般水平。另外，C_1（建成区绿地覆盖水平）研究期内维持在亚健康，C_4（平原区地下水埋深变化量）逐渐改善，2009 年为一般，2018 年已转为健康。总的来说，北京研究期内水生态状况明显改善，表现为通过规划建设，使水系得以连通和河湖调蓄能力得以提升，通过减少地下水供水比例，使平原区地下水埋深变化量得到控制。

4. 水效用准则层

研究期内，北京水效用准则层 CEI 评分变化较小，2010 年和 2011 年有小幅下降，2012 年出现大幅上升，之后表现稳定，2012～2018 年期间变化较小。水效用准则层 CEI 评分在 2012 年大幅提升主要归因于 D_2（万元工业增加值用水量）和 D_4（中水供水率）提升，其中 D_2 由亚健康转为健康并一直维持，D_4 则由一般转为亚健康并一直维持。另外，D_1（农田灌溉水有效利用系数）和 D_3（人均生活用水量）在研究期内保持良好，表现为亚健康和健康。其中，D_1 研究期内维持在亚健康，D_3 由亚健康逐渐转为健康并一直维持。总的来说，北京在研究期内水效用状况较好，4 个指标均有所提升且相对稳定。

5. 水灾害准则层

研究期内，北京水灾害准则层 CEI 评分呈逐渐上升趋势。E_1（防洪排涝应急管理水平）和 E_2（人均 GDP）在研究期内均呈现改善趋势，其中 E_1 更是由病态逐渐转为健康。总的来说，北京研究期内在水灾害防范意识、防范力度、防范水平和管理方式等方面不断提高。

综上，自 2016 年以来，北京各评价指标基本表现为一般及以上，水循环健康状况总体较好，其中以水生态、水效用、水灾害方面最好，水资源和水环境方面则相对较差。

5.5.2 天津

天津水循环健康评价指标权重分布如图 5-4 所示。可以看出，准则层权重由高至低依

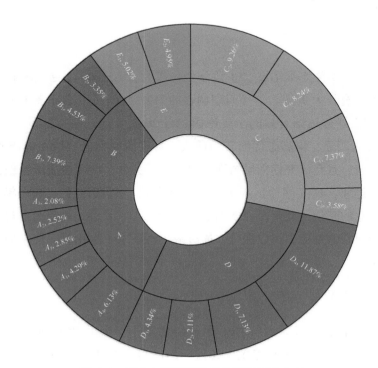

图 5-4 天津水循环健康评价指标权重分布

次为 C（水生态）、D（水效用）、A（水资源）、B（水环境）、E（水灾害），其中 C 和 D 接近。指标层权重排名前 5 位依次为 D_4（中水供水率）、C_2（河湖调蓄能力）、C_4（平原区地下水埋深变化量）、B_3（污水集中处理率）、C_1（建成区绿地覆盖水平）。与北京相比 C_1 权重相对高，B_3 权重相对低，D_2（万元工业增加值用水量）权重相对低，A_4（地下水供水比例）权重同样排在第 7 位。污水的处理和使用、地下水利用程度及其水位变化同样是重要指标。

2009～2018 年天津水循环健康评价指标层色阶图如图 5-5 所示。2009～2018 年天津水循环健康评价准则层堆积图如图 5-6 所示。堆积图总面积代表目标层的 CEI 评分，各部分

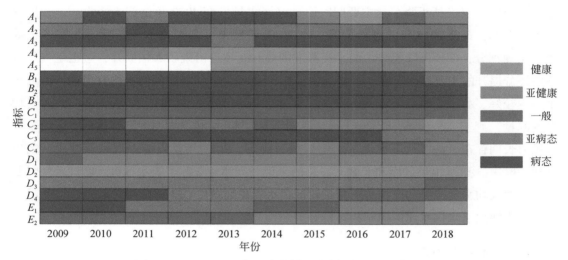

图 5-5　2009～2018 年天津水循环健康评价指标层色阶图

图 5-6　2009～2018 年天津水循环健康评价准则层堆积图

堆积面积代表准则层的 CEI 评分。可以看出，2009~2018 年天津水循环 CEI 评分呈逐年升高的趋势特征，在 2010 年出现了小幅下降，在 2012 年、2015 年、2018 年则出现了大幅提升，2013 年、2014 年以及 2016 年、2017 年基本持平。天津水循环健康状况整体上稳定提升，2013 年为亚病态转为一般的临界点，2018 年为一般转为亚健康的临界点，整体评分低于北京。5 个准则层变化趋势具体如下。

1. 水资源准则层

研究期内，天津水资源准则层 CEI 评分 2009 年起呈逐渐下降趋势，2013 年出现大幅提升，2014 年又有所下降。这主要归因于 A_1（降水量）在 2010 年由健康转为病态，出现了大幅下降，直至 2015 年才开始回升。自 2013 年起 A_5（最严格水资源管理落实考核等级）出现评分，使得下降趋势中的水资源准则层 CEI 评分出现了大幅提升，这也是当年目标层评分提升的主要原因。在 5 个指标中，A_1 变化较大，从病态到健康均有出现，但近年来表现较好。A_2（人均水资源量）较差，基本呈亚病态，2011 年甚至呈病态。A_3（亩均水资源量）则基本呈病态，仅 2013 年呈亚病态。A_2 和 A_3 状况表明天津整体供水压力较大且压力长期存在。A_4（地下水供水比例）相对稳定，2011 年及以前表现为亚健康，之后表现为健康。A_5 基本呈健康和亚健康。总的来说，天津是资源型缺水城市，客观条件限制导致天津人均水资源量和亩均水资源量较低，水资源准则层 CEI 评分相对较差，但是尽管如此，天津地下水供水比例控制相对较好。

2. 水环境准则层

研究期内，天津水环境准则层 CEI 评分较为稳定，3 个指标整体表现较差。B_1（水功能区达标率）仅在 2010 年和 2018 年为亚病态，其他时间均为病态。B_2（水质达标河长比例）和 B_3（污水集中处理率）则在研究期内保持病态。水环境准则层表现较差也是导致天津目标层 CEI 评分较低的主要原因。

3. 水生态准则层

研究期内，天津水生态准则层 CEI 评分变化较大，2009 年起逐步上升，2013 年出现下降，2014 年和 2015 年又出现大幅上升，2016 年再次下降，而后稳步上升。其中，2014 年和 2015 年大幅上升主要归因于 C_2（河湖调蓄能力）和 C_4（平原区地下水埋深变化量）的改善。2016 年 C_4 出现下降，直至 2018 年才再次上升，这也是目标层 CEI 评分大幅提升的主要原因。在 4 个指标中，C_1（建成区绿地覆盖水平）最为稳定，研究期内保持在一般。C_3（生态环境用水量）较稳定但较差，2017 年由病态转为亚病态。C_2 的提升幅度最大，由病态转为健康。C_4 则在亚健康和一般之间不断变化，总体比较稳定。总的来说，天津研究期内水生态状况改善相对较小，但值得一提的是河湖调蓄能力稳步上升，平原区地下水埋深变化量因地下水供给比例较低并未出现较大变化。

4. 水效用准则层

研究期内，天津水效用准则层 CEI 评分 2012 年出现了大幅提升，之后 2013 年和 2014 年又再次下降，2014 年以后缓慢升高。2012 年水效用准则层 CEI 评分大幅提高主要归因于 D_4（中水供水率）出现改善，由病态转为亚病态。在 4 个指标中，D_2（万元工业增加值用水量）表现最好，研究期内保持健康，其次为 D_1（农田灌溉水有效利用系数）基本表现为亚健康，仅 2009 年表现为一般。D_3（人均生活用水量）和 D_4 表现相对较差，但呈稳步上升趋势，2018 年均表现为一般。总的来说，天津研究期内水效用状况较好，尤其在近两年已整体表现为一般及以上。

5. 水灾害准则层

研究期内，天津水灾害准则层 CEI 评分呈逐渐上升趋势，其中 2014 年有较大提升。这主要归因于 2014 年 E_1（防洪排涝应急管理水平）和 E_2（人均 GDP）均出现了明显上升。E_1 在研究期内逐渐由病态转为健康，改善较大。总的来说，天津研究期内在水灾害防范意识、防范力度、防范水平和管理方式等方面不断提高。

综上，天津同样在水资源和水环境方面表现较差，尤其是今后需要加强区域水环境改善问题。

5.5.3 河北

河北水循环健康评价指标权重分布如图 5-7 所示。可以看出，准则层权重由高至低依次为 D（水效用）、C（水生态）、B（水环境）、A（水资源）、E（水灾害），B 权重相对北京和天津更高。指标层权重排名前 5 位依次为 D_4（中水供水率）、C_2（河湖调蓄能力）、D_2（万元工业增加值用水量）、B_3（污水集中处理率）、C_4（平原区地下水埋深变化量）。与北京前 5 位指标相同，先后顺序有所变化。A_4（地下水供水比例）权重排在第 8 位，也同样重要。D_2 权重排位上升，与河北第二产业发展程度高有较大联系。污水的处理和使用、地下水利用程度及其水位变化同样是重要指标。

2009～2018 年河北水循环健康评价指标层色阶图如图 5-8 所示。2009～2018 年河北水循环健康评价准则层堆积图如图 5-9 所示。堆积图总面积代表目标层的 CEI 评分，各部分堆积面积代表准则层的 CEI 评分。可以看出，2009～2018 年河北水循环 CEI 评分是 3 个地区中变化最为剧烈的，在 2010 年、2012 年、2016 年均有大幅提升，2011 年、2017 年出现小幅下降。河北水循环健康状况整体上表现为上升，2014 年为亚病态转为一般的临界点，此后一直维持在一般。5 个准则层变化趋势具体如下。

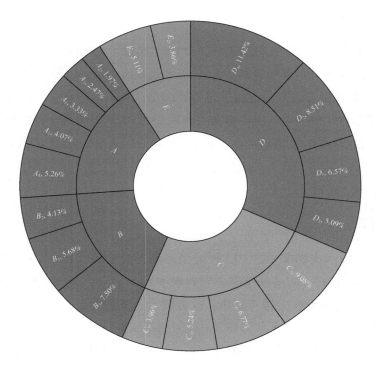

图 5-7　河北水循环健康评价指标权重分布

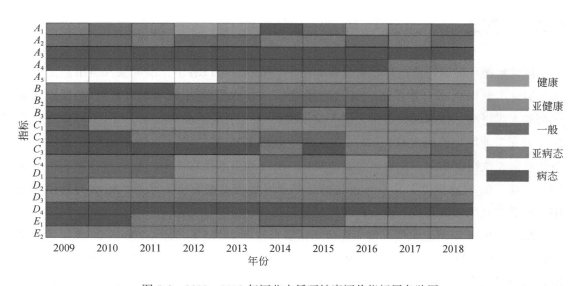

图 5-8　2009~2018 年河北水循环健康评价指标层色阶图

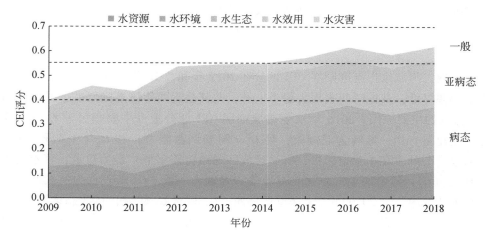

图 5-9　2009～2018 年河北水循环健康评价准则层堆积图

1. 水资源准则层

研究期内，河北水资源准则层 CEI 评分总体呈逐渐上升趋势，但在 2011 年和 2014 年出现了小幅下降。这主要归因于 A_1（降水量）和 A_2（人均水资源量）在 2011 年和 2014 年均有不同程度下降。自 2013 年起开始实行最严格水资源管理制度，A_5（最严格水资源管理落实考核等级）出现评分，使得此后水资源准则层 CEI 评分出现了较大提升。在 5 个指标中，A_1 最不稳定，研究期内从病态至健康均有出现。A_2 次之，表现为亚病态和一般交替出现，直至 2017 年仍有亚病态出现。A_3（亩均水资源量）和 A_4（地下水供水比例）相对稳定，但整体较差，基本表现为病态，其中 A_4 在 2017 年和 2018 年表现为亚病态。A_5 自实行最严格水资源管理制度以来，由亚健康逐渐变为健康。总的来说，3 个地区中，以河北第一产业比重最大，人口也最多，因此对于水资源需求量也较大，但是短缺的水资源造成其亩均水资源量长期表现为病态，对地下水利用依赖程度较高。近年来，河北逐步完善最严格水资源管理，积极减少地下水供水比例，增加南水北调水利用，这对地下水保护非常有效。

2. 水环境准则层

研究期内，水环境准则层的 3 个指标变化较大，2011 年出现大幅降低之后逐渐回升，2016 年以后再次降低，且暂未出现回升。B_3（污水集中处理率）仅在 2015 年表现略好，为亚病态，其他时间均为病态。B_2（水质达标河长比例）在 2017 年由一般转为亚病态。B_1（水功能区达标率）则在 2012 年由病态转为亚病态后一直保持。总的来说，研究期内，河北在水环境保护方面仍有较大不足。其中，河流水质管理较差，在近两年出现了下降。

污水集中处理率和水功能区达标率则持续表现较差。

3. 水生态准则层

研究期内，河北水生态准则层 CEI 评分在 2012 年和 2016 年出现了大幅提升，在 2015 年出现了小幅降低，其他时间表现为稳步上升，尤其是近两年该准则层的上升也是目标层 CEI 评分上升的主要原因。2016 年水生态准则层 CEI 评分上升主要归因于 C_4（平原区地下水埋深变化量）由一般转为亚健康，且 C_2（河湖调蓄能力）和 C_3（生态环境用水量）也有不同幅度上升。在 4 个指标中，C_1（建成区绿地覆盖水平）最为稳定，基本表现为亚健康。其次为 C_4，除个别年份为亚健康外基本表现为一般。C_2 则表现为持续改善，由病态逐渐转为亚健康，且 2016 年以来保持亚健康。C_3 相对 C_2 较差，从病态逐渐转为一般。总的来说，河北水生态状况逐渐改善，但生态环境用水量和平原区地下水埋深变化量仍相对较差。

4. 水效用准则层

研究期内，河北水效用准则层 CEI 评分变化较小，表现为稳步提升，仅在 2011 年略有下降。D_3（人均生活用水量）和 D_4（中水供水率）研究期内表现为亚病态和病态，未出现任何改善。D_1（农田灌溉水有效利用系数）在 2012 年由一般转为亚健康并一直保持。D_2（万元工业增加值用水量）在 2010 年由一般转为亚健康，又在 2017 年由亚健康转为健康。总的来说，河北在水效用方面相对更差，人均生活用水量和中水供水率更是在研究期内未出现任何改善。

5. 水灾害准则层

研究期内，河北水灾害准则层 CEI 评分呈现逐渐上升趋势且无较大变化。E_2（人均GDP）在研究期内无明显变化。E_1（防洪排涝应急管理水平）呈逐渐改善趋势，由病态逐渐转为亚健康，整体有较大提升。总的来说，河北研究期内在水灾害防范意识、防范力度、防范水平和管理方式等方面不断提高。

综上，河北研究期内多个指标都有不同程度改善，但是直至 2018 年达到健康的指标也仅有两个，处于病态的指标则有 3 个，水循环健康整体状况较差。其中，亩均水资源量、地下水供水比例、水功能区达标率、污水集中处理率、人均生活用水量、中水供水率等指标健康状况较差，研究期内基本未出现改善，水质达标河长比例在近两年甚至出现恶化。

5.5.4 比较和讨论

2009～2018 年京津冀水循环健康评价综合评价指数（CEI）如图 5-10 所示。对比目标层结果可以看出：研究期内，3 个地区中，北京水循环健康状况 CEI 评分最佳，整体优于天津和河北。天津 CEI 评分总体优于河北，但在 2010 年河北 CEI 评分略高于天津。研究期内，天津和河北 CEI 评分均未达到健康，仅天津在 2018 年触及亚健康。

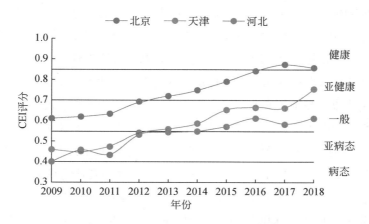

图 5-10　2009～2018 年京津冀水循环健康评价综合评价指数（CEI）

对比准则层结果（图 5-3、图 5-6 和图 5-9）可以看出：

（1）就不同准则层对北京水循环健康 CEI 评分的贡献度来看，水效用最高，其次为水生态，最次为水灾害；水资源和水环境在不同年份贡献度有所区别，研究期内前 6 年水环境贡献度相对较高，随着水资源条件改善，水资源贡献度逐渐上升，后 4 年水资源贡献度超过水环境。

（2）就不同准则层对天津水循环健康 CEI 评分的贡献度来看，总体上水效用最高，水生态次之，在 2015 年和 2018 年表现为水生态贡献更高，而水效用次之；其他 3 个准则层贡献度从大到小依次为水资源、水灾害、水环境。

（3）就不同准则层对河北水循环健康 CEI 评分的贡献度来看，总体上水效用最高，水生态次之，仅在 2016 年水生态大幅超过水效用；其他 3 个准则层中，水灾害贡献度最低，水环境和水资源贡献度在不同年份有所区别，基本表现为在研究期内前几年水环境较高，后几年水资源较高，与北京情况类似。

对比指标层结果（图 5-2、图 5-5 和图 5-8）可以看出：

（1）京津冀三地水资源准则层对目标层 CEI 评分贡献度均较低，这与其权重相对较小有一定关系。在 5 个指标中，A_1（降水量）在京津冀三地均表现为不稳定变化。对于 A_2（人均水资源量），河北表现相对较好，以一般为主，偶尔出现亚病态；北京次之，以亚病态为主，偶尔出现一般；天津最差，基本表现为亚病态。对于 A_3（亩均水资源量），北京表现相对较好，且近年来持续改善已转变为健康；天津和河北表现相对较差，基本表现为病态。对于 A_4（地下水供水比例），天津表现最好，近年来表现为健康；北京次之，近年来表现为一般；河北最差，表现为病态或亚病态。A_5（最严格水资源管理落实考核等级）在实行最严格水资源管理制度后，京津冀三地均表现较好，基本为亚健康和健康。

（2）北京和河北水环境准则层对目标层 CEI 评分贡献度相对较高，天津贡献度较低，主要归因于天津在该准则层表现较差且无明显改善。对于 B_1（水功能区达标率）、B_2（水质达标河长比例）、B_3（污水集中处理率）3 个指标，北京表现最好，基本表现为一般；河北次之，在部分年份表现为一般，但基本为亚病态；天津表现最差，基本表现为病态。

（3）京津冀三地水生态准则层对目标层 CEI 评分贡献度均较高，仅次于水效用，位列第二。对于 C_1（建成区绿地覆盖水平），京津冀三地表现均较好，北京和河北基本表现为亚健康，天津基本表现为一般。对于 C_2（河湖调蓄能力），京津冀三地均表现为逐年改善，至 2018 年已表现为亚健康及以上。对于 C_3（生态环境用水量），京津冀三地也表现为逐年改善，北京和河北在 2018 年表现为一般，但天津仍表现为亚病态。对于 C_4（平原区地下水埋深变化量），京津冀三地表现均较好，研究期内均表现为一般及以上。

（4）京津冀三地水效用准则层对目标层 CEI 评分贡献度最高，位列第一。对于 D_1（农田灌溉水有效利用系数），京津冀三地表现均较好，基本表现为亚健康。对于 D_2（万元工业增加值用水量），京津冀三地表现也较好，至研究期末已全部表现为健康。对于 D_3（人均生活用水量），北京表现较好，为健康，天津和河北表现较差，基本为亚病态。对于 D_4（中水供水率），北京表现较好，天津和河北表现相对较差。

（5）京津冀三地水灾害准则层对目标层 CEI 评分贡献度总体上最低。对于 E_1（防洪排涝应急管理水平），京津冀三地均表现为逐年变好，至研究期末已基本表现为亚健康及以上。对于 E_2（人均 GDP），北京和天津表现为持续改善，河北则表现相对较差。

5.6 本 章 小 结

本章基于水循环的二元特征，构建了涵盖水资源、水环境、水生态、水效用和水灾害 5 个准则层共计 18 个指标项的区域水循环健康评价指标体系，采用模糊综合评价法，评价了京津冀三地 2009～2018 年的水循环健康演进状况。取得的主要结论如下：

（1）研究期内，京津冀三地水循环健康状况均呈现向好趋势。北京水循环健康状况 CEI 评分最佳，整体优于天津和河北。天津总体优于河北，但在 2010 年河北 CEI 评分略高于天津。研究期末，北京 CEI 评分达到健康，天津 CEI 评分触及亚健康，河北 CEI 评分为一般。

（2）研究期内，不同准则层对京津冀三地水循环健康 CEI 评分贡献度大小有所区别，总体上水效用贡献度最大，水生态次之，水灾害最小，水资源和水环境在不同年份表现不同。

（3）研究期内，京津冀三地大多数评价指标有明显提升。研究期末，北京大多数评价指标表现为亚健康和健康，天津和河北仍有多个评价指标表现为亚病态和病态。

需要说明的是，健康水循环的概念尚处于发展当中，其内涵正不断被补充和丰富。除了第 4 章和本章提出的准则层和指标项，水循环健康评价指标体系可根据评价目的与评价对象的实际状况而有所区别。指标健康阈值的确定是影响评价结果的关键，本研究的评价指标健康等级阈值具有地区局限性。其确定方法将是未来开展水循环评价需要重点关注的方向，也是一项核心工作。为全面识别水循环健康状况，大量的基础数据资料收集必不可少，而数据往往表现出了边界模糊、一数多值、时间不连续等诸多问题，这是开展水循环健康评价工作的主要制约。后续研究工作可考虑使评价模型与水文模型相结合的思路，通过建立流域或区域水文模型，模拟获取更多的流域水循环通量等输出结果，应用于水循环健康评价工作中。

|第6章| 京津冀典型城市 水循环监测与健康评价

本章重点以次洪为研究尺度，开展了京津冀典型城市水循环监测与健康评价。内容包括：描述了城市水循环的基本过程；介绍了城市水循环监测的原则和方法；构建了涵盖降雨、产流、汇流、调蓄过程 4 个准则层共计 11 个指标项的城市水循环健康评价指标体系；选取河北省邯郸市主城区作为典型研究区，开展了 2017 ~2018 年 5 场典型降雨过程下城市水循环监测与健康评价研究；针对研究结果和现存问题，提出了城市水资源可持续利用策略（段娜，2019；裴梦桐，2020）。

6.1 城市水循环

本章研究的城市水循环特指在一次降雨过程后，水体在城市各结构单元不断运移和转化的过程。城市化建设使得城市水循环具有明显的自然–社会二元特征，包括降雨、产流、汇流、调蓄四个相互衔接的基本过程，如图 6-1 所示。在这一过程中，水分通过蒸发、水汽运输、水汽凝结等过程形成降雨；在非水面的降雨形成产流；产流通过路面、管网等进入河道，形成汇流；汇流入河道湖泊的雨水以及前期河道湖泊中的降雨经调蓄后进入下一单元，构成调蓄过程；在降雨、产流、汇流、调蓄过程中，水分通过蒸发，构成水循环的回路。因此，城市水循环健康取决于降雨、产流、汇流、调蓄四个基本过程的健康状况。

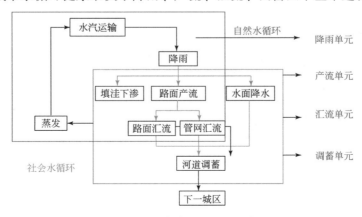

图 6-1 城市水循环过程概化

6.2　城市水循环监测与健康评价方法

6.2.1　监测原则和方法

为评价城市水循环监测健康状况，需要监测和分析雨前、雨中、雨后主要监测断面的水量、水质以及雨后易涝点的积水深、积水面积等情况，其主要原则和方法如下。

（1）监测指标。反映水体水质状况的指标种类很多，在实际监测过程中，由于成本和时间等限制，将水质指标全部进行监测分析是不现实的，需要根据监测目的，选取代表性指标开展水质监测分析。

（2）监测断面。合理布设监测断面可以控制人力、物力、财力等投入，同时全面真实反映水体状况，因此十分关键。监测断面包括多种类型，例如背景断面、控制断面、出入境断面等，断面类型不同布设方法不同。总的来说，监测断面布设应考虑采样的可行性与便利性，充分利用已有水文断面监测条件，能够充分反映水体环境特征等。

（3）组织实施。在进行采样前，需要确定采样负责人，制定采样计划，组织实施采样工作。采样负责人在制定计划前应充分了解监测任务目的和要求，应了解监测断面周围情况，应熟悉采样方法、容器洗涤、样品保存等技术。采样计划应包括：确定采样垂线和采样点位、测定项目和数量、采样质量保证措施、采样时间和路线、采样人员和分工、采样器材和交通工具，以及需要进行的现场测定项目和安全保证等。

（4）采样过程。注意事项主要包括：①采样时不可搅动水底的沉积物；②采样时应保证采样位置的准确，必要时采用定位仪定位；③认真填写"水质采样记录表"，字迹清晰、端正，项目完整，且应不易褪色；④保证采样按时、准确、安全；⑤采样结束前，应核对采样计划、记录和水样，如有错误或遗漏，应立即补采或重采；⑥如果采样现场水体很不均匀，无法采到具有代表性的样品，应详细记录不均匀的情况和实际采样情况，供参考使用；⑦测溶解氧（DO）、生化需氧量（BOD_5）和有机污染物等项目时，水样必须注满容器，上部不留空间，并有水封口；⑧如果水样中含有沉降性固体如泥沙等，应分离去除；⑨测定油类、BOD_5、DO、硫化物、余氯、粪大肠杆菌、悬浮物、放射性等项目时要单独采样。

6.2.2　评价指标体系

基于对城市水循环过程的解析并结合监测要素，构建了涵盖降雨、产流、汇流、调蓄过程 4 个准则层共 11 项指标的城市水循环健康评价指标体系，如图 6-2 所示，各准则层的健康因子及健康标准如表 6-1 所示。

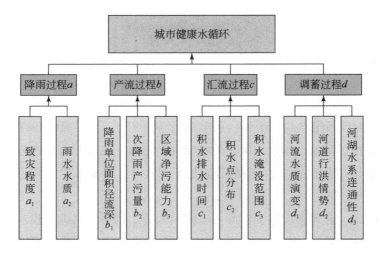

图 6-2　城市水循环健康评价指标体系

表 6-1　城市水循环健康因子及标准

准则层	健康因子	健康标准
降雨过程	致灾程度、雨水水质	降雨过程缓和、雨水水质干净
产流过程	降雨单位面积径流深、次降雨产污量、区域净污能力	雨量适宜、产污减少
汇流过程	积水排水时间、积水点分布、积水淹没范围	快速排水、减少积水
调蓄过程	河流水质演变、河道行洪情势、河湖水系连通性	河道安全、动态水体

对于降雨过程，其健康状态应表现为降水量适中，不发生极端情况，雨水水质优良。对于产流过程，其健康状态应表现为城市下垫面硬化后，产流量适中，不发生陡涨陡落情况，携带污染物少，且具有净化能力。对于汇流过程，其健康状态应表现为排水快速，积水量少，积水淹没范围小。对于调蓄过程，其健康状态应表现为河道连通性好，水系结构建设合理，符合防洪设计标准，与生态相协调。

6.3　案例研究

6.3.1　区域概况

邯郸市位于河北省最南部，是晋冀鲁豫四省交界的城市，为京津冀城市群、环渤海经济圈所环绕，区位优势十分明显。邯郸市地势西高东低，高差大，地貌类型多样。全市自西向东大致可分为五级阶梯，即西北部中山区、西部低山区、中部低山丘陵区、中部盆地区、东部洪积冲积平原区。邯郸市为暖温带大陆性季风气候，四季分明，春季风多干旱，夏季炎热多雨，秋季温和凉爽，冬季寒冷干燥。

本研究选取的邯郸市主城区，是被东、西、南、北环线所包围的区域，包括丛台区、复兴区、邯山区。研究区地理位置介于北纬 36°33′24″ ～ 36°40′01″，东经 114°24′10″ ～ 114°32′03″。研究区地形介于西部丘陵向东部平原过渡地带。区内流经有滏阳河、沁河、渚河、支漳河、输元河，如图 6-3 所示。其中，滏阳河（隶属于子牙河水系）南北纵穿邯郸市主城区，是研究区内一条常年过水的河道，具有行洪、灌溉、发电、养殖、供水、排污等多种功能。受工业和生活污水排放影响，历史上流经城区的各河流水质情况较差，这也曾是邯郸市人民的"心病"。为打造生态环境友好型城市，通过实施沁河退污还清、滏阳河改造等工程，水质状况有所改善。现状供水系统由岳城水库、东武仕水库、羊角铺水源地、地下水开采、中水回用等组成。现状排水工程按照统一规划、统一布局、统一处理的原则，形成了包括沁河、输元河、渚河、支漳河、滏阳河在内的五大系统，城区雨污水管网总长度达到 500km。现有污水处理厂 2 处，总处理能力约 35 万 m³/d（吴旭和宋弘东，2018）。

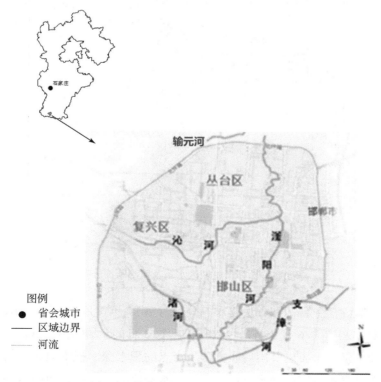

图 6-3　邯郸市主城区地理位置及水系

6.3.2 水循环监测

为开展水循环监测，对研究区布设 6 个监测断面进行控制，其中张庄桥为入城对照监测断面，刘二庄为出城对比监测断面；支流沁河、输元河入滏阳河之前设置 1 个监测断面，支流入滏阳河后再设置 1 个监测断面，如图 6-4 所示。通过实地调研，对各水质取样及水量监测断面进行踩点勘测，确定水质水量监测方案，为评价研究区水循环健康状况提供依据。

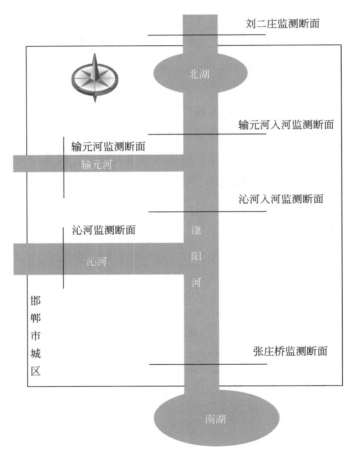

图 6-4　邯郸市主城区水系及监测断面分布

根据水循环监测任务目标和方法要求，分别对 2017 年 6 月 22 日、2018 年 5 月 19 日、2018 年 6 月 8 日、2018 年 6 月 25 日、2018 年 7 月 13 日的 5 场降雨，就雨前、雨中、雨后主要监测断面的水量、水质以及雨后研究区易涝点的积水深、积水面积等情况，利用取样器、流速仪、卷尺等工具实地测量取样。其中，水质监测具体项目包括水中悬浮物、化学需氧量（COD）或高锰酸钾指数、DO、BOD_5、pH、有机物（主要测挥发酚）、总磷、总氮、大肠杆菌等。2018 年 5 月 19 日监测情况如图 6-5 和图 6-6 所示。

(a) 雨前

(b) 雨中

(c) 雨后

图 6-5　2018 年 5 月 19 日降雨水样采集

(a)

(b)

(c)   (d)

图 6-6   2018 年 5 月 19 日积水深调研

6.3.3   水循环健康评价

各指标分级阈值情况如表 6-2 所示，阈值确定依据如表 6-3 所示。

表 6-2   邯郸市主城区水循环健康评价指标分级阈值

准则层	指标	非常健康	健康	亚健康	病态	严重病态
		5	(5, 4]	(4, 3]	(3, 2]	(2, 1]
降雨过程	a_1	(0, 0.05]	(0.05, 0.1]	(0.1, 0.2]	(0.2, 0.4]	(0.4, 1]
	a_2	≥6	(6, 5.6]	(5.6, 5.0]	(5.0, 4.8]	<4.8
产流过程	b_1	≥0.6	(0.6, 0.4]	(0.4, 0.3]	(0.3, 0.2]	<0.2
	b_2	≤5	(5, 10]	(10, 25]	(25, 40]	>40
	b_3	≤743.5	(743.5, 843.1]	(843.1, 1175.3]	(1175.3, 1799.4]	(1799.4, 2533.1]
汇流过程	c_1	≤15	(15, 30]	(30, 60]	(60, 120]	>120
	c_2	≤5	(5, 8]	(8, 10]	(10, 15]	>15
	c_3	5	(5, 4]	(4, 3]	(3, 2]	(2, 1]
调蓄过程	d_1	<-0.3	[-0.3, -0.1)	[-0.1, 0.1]	(0.1, 0.3]	>0.3
	d_2	≥30	(30, 20]	(20, 10]	(10, 3]	<3
	d_3	≥80	(80, 60]	(60, 40]	(40, 20]	<20

表 6-3 邯郸市主城区水循环健康评价指标分级阈值依据

准则层	指标	指标分级阈值根据
降雨过程	a_1	根据相关研究，选取场次降雨的降雨量、降雨历时、平均雨强、最大雨强、降雨距平百分率 5 个降雨特征值，将其做极差归一化处理，并根据其等级进行阈值划分
	a_2	依据《雨水质量评价的标准实施规程》（ASTM E2727–2018）对降雨水质 pH 划分
产流过程	b_1	反映城市化建设和地面硬化对降雨产流的影响大小
	b_2	反映降雨冲刷地表产生污染物的量值大小
	b_3	根据《水域纳污能力计算规程》（GB/T 25173–2010）中纳污能力计算公式计算，其中降解率的水质目标值来自《地表水环境质量标准》（GB3838–2002）中不同等级地表水质标准的目标值计算
汇流过程	c_1	根据《城市内涝设计标准》（GB51227–2017）对城市积水排水时间等级划分
	c_2	根据《城市内涝设计标准》（GB51227–2017）对城市积水密度等级划分
	c_3	根据《城市内涝设计标准》（GB51227–2017）对城市积水的深度与范围等级划分
调蓄过程	d_1	计算各水质监测断面在降雨前、中、后及河道上、下游的综合污染指数的演变
	d_2	通过城区河道汇流水位确定
	d_3	通过城市河道生态环境的完整性以及城市河网调蓄洪水的能力确定

采用层次分析法计算指标权重，结果如表 6-4 所示。采用综合指数法对 2017～2018 年 5 场降雨过程进行评价，评价结果如表 6-5 所示。结果表明：①5 场降雨过程下，城市水循环健康评价值介于 3.02～3.67，评价等级均为亚健康；②准则层评价结果显示产流过程得分最低，指标层评价结果显示区域净污能力得分最低，拉低了城市水循环整体健康水平；③降雨过程对城市水循环健康的影响为瞬时影响，敏感性分析显示影响城市水循环健康的主要因子为降雨强度。

表 6-4 邯郸市主城区水循环健康评价指标权重

准则层	准则层权重	指标层	指标层权重
降雨过程	0.1089	致灾程度 a_1	0.0953
		雨水水质 a_2	0.0136
产流过程	0.3512	降雨单位面积径深 b_1	0.1895
		次降雨产污量 b_2	0.1043
		区域净污能力 b_3	0.0574
汇流过程	0.3512	积水排水时间 c_1	0.0428
		积水点分布 c_2	0.1122
		积水淹没范围 c_3	0.1961
调蓄过程	0.1887	河流水质演变 d_1	0.1258
		河道行洪情势 d_2	0.0314
		河流水系连通性 d_3	0.0314

表 6-5　邯郸市主城区水循环健康评价结果

降雨场次	指标层	a_1	a_2	b_1	b_2	b_3	c_1	c_2	c_3	d_1	d_2	d_3
	准则层	a		b			c			d		
2017.06.22	指标层结果	3.3	5	3.42	3.35	1	2.73	4.21	3.31	1	4	3.11
	准则层结果	3.51		3			3.53			1.85		
	目标层结果	3.02（亚健康）										
2018.05.19	指标层结果	5	5	3	4.63	1	1.75	3.7	4.44	3.44	4	3.11
	准则层结果	5		3.16			3.87			3.48		
	目标层结果	3.67（亚健康）										
2018.06.08	指标层结果	5	5	1.33	4.97	1	2.7	3.2	4.25	2.83	4	3.11
	准则层结果	5		2.35			3.72			3.07		
	目标层结果	3.25（亚健康）										
2018.06.25	指标层结果	5	5	3.64	1.5	1	4.72	3.3	3.40	3.32	4	3.11
	准则层结果	5		2.57			3.53			3.4		
	目标层结果	3.32（亚健康）										
2018.07.13~14	指标层结果	5	5	1.43	5	1	2.17	3.6	3.39	2.65	4	3.11
	准则层结果	5		2.42			3.31			2.95		
	目标层结果	3.11（亚健康）										

6.4　城市水资源可持续利用策略

邯郸市为我国北方典型缺水城市，其城市水循环健康问题在京津冀地区具有一定代表性。基于上述研究，并面向该地区水资源可持续利用，提出以下三点建议。

1. 加强水资源保护，建立跨区补偿机制

京津冀三地水资源禀赋差，生态环境脆弱，利用科技、政策等手段加强水资源和生态环境保护十分重要。自然地理特征不同，社会经济发展不同，城市功能定位不同，导致京津冀三地在水资源利用中地位的不同。北京和天津通常为受益方，而河北通常是利益牺牲方。按照谁受益、谁补偿的原则，建立三地间的生态补偿机制，通过相互帮扶，真正形成协同发展、供水安全、生态文明、经济共荣的良好发展局面。

2. 加强水资源开发，实现多源供给保障

长期以来，地表水和地下水是京津冀地区的主要供水水源。近年来，随着跨流域调水工程不断通水，京津冀地区水资源安全和生态环境压力有一定缓解。但是，水资源供需不

平衡的矛盾还未从根本上得到解决，未来需要进一步开发和利用外调水，增加供水水源类型（包括再生水、雨洪水、淡化水等），不断释放用水压力。尤其是，河北许多地区外调水、其他水源水开发和利用存在明显不足，需要通过积极的政策措施给予支持。

3. 加强水资源节约，推动高效循环利用

节约用水是解决水资源利用与社会经济发展突出矛盾最直接和最有效的途径。目前，尽管京津冀地区水资源利用效率在全国处于领先水平，继续挖掘节水潜力、多措并举开展节水型社会建设意义仍十分重大。节水措施涉及政策、技术、社会等多个层面，包括推行节水改造工程、推广节水器具使用、促进节水技术创新、加强节水宣传、引导公众参与等。

6.5 本 章 小 结

本章探究了城市水循环的基本过程和监测方法，构建了城市水循环健康评价指标体系，选取河北省邯郸市主城区，开展了2017 ~2018 年5 场典型降雨过程下水循环监测与健康评价研究，提出了城市水资源可持续利用策略。取得的主要结论包括：

（1）5 场典型降雨过程下，邯郸市主城区水循环健康评价等级均为亚健康，维度层中产流过程评价得分最低，指标层中区域净污能力得分最低。降雨过程对城市水循环健康的影响为瞬时影响，敏感性分析显示影响城市水循环健康的主要因子为降雨强度。

（2）为实现城市水资源可持续利用，一要加强水资源保护，建立跨区补偿机制；二要加强水资源开发，实现多源供给保障；三要加强水资源节约，推动高效循环利用。

需要说明的是，本章初步建立了城市水循环监测模式及健康评价指标体系。但是受时间、资料、地域等限制，选取的指标还不能充分捕捉城市水循环的全部特征，例如不能很好地区分雨污合流以及雨污分流的差异，未来需进一步补充细化，优化指标体系。

|第 7 章| 变化环境下的京津冀县域水资源 安全诊断

本章开展了变化环境下的京津冀县域水资源安全诊断。内容包括：收集了研究数据资料，构建了以县域为基本单元的水资源安全诊断方法体系；深入解读了区域协同发展相关规划，预测了京津冀一体化格局初步形成的社会经济发展县域空间分布；采用定额法，构建了考虑生产、生活和生态等用水部门的需水计算模型，预测了正常用水、考虑农田灌溉和全社会节水、生态环境提升等不同用水水平下的需水量县域空间分布；通过收集和处理陆地水文模拟数据集，以及跨流域调水工程规划资料，测算了多年平均和不同水平年的本地径流量以及近、远期调水量县域空间分布；采用人均水资源量、万元 GDP 水资源量、水短缺指数、径流对降水的弹性系数等作为评价指标，开展了现状和一体化、不同水平年、不同用水水平、有无外调水保障、气候变化等情景下的水资源安全诊断，绘制了不同水资源压力区间的县域空间分布（Li et al.，2019b；李想等，2021；郭丹红，2020）。

7.1 数据与方法

构建以县域作为基本单元的水资源安全诊断方法体系，包括社会经济发展预测、需水量预测、本地和外调水资源量测算、水资源安全诊断四个主要步骤，如图 7-1 所示。

7.1.1 考虑协同发展的社会经济预测

京津冀协同发展战略的提出，使得政策影响、人为干预成为未来一段时期影响区域社会经济发展的主导因素，为此本章采用以下步骤进行预测。

（1）选取 2015 年作为现状情景；2030 年为一体化格局初步形成的未来情景。

（2）广泛收集各类统计资料，包括《中国县域统计年鉴（县市卷）》《北京市统计年鉴》《天津市统计年鉴》《河北省经济年鉴》《中国水资源公报》《北京市水资源公报》《天津市水资源公报》《河北省水资源公报》《海河流域水资源公报》等，掌握京津冀各市域、县域社会经济发展现状数据，包括人口、城镇化率（城镇人口/总人口）、GDP、土地利用情况（土地利用数据产品为 2017 年发布的 FROM-GLC10）、农作物种植

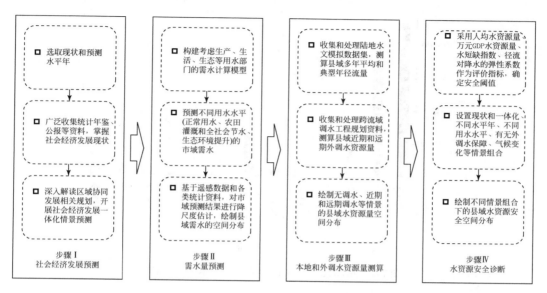

图 7-1　以县域为基本单元的水资源安全诊断方法体系

面积、农田有效灌溉面积、林果地灌溉面积、林果产量、畜牧养殖数量、肉类总产量、渔业补水面积、水产产量、公园绿地面积、供用水量等。京津冀地区 2015 年市域人口和 GDP 结构如图 7-2 所示，县域人口和 GDP 结构空间分布如图 7-3 和图 7-4 所示，县域特征信息统计如表 7-1 所示。

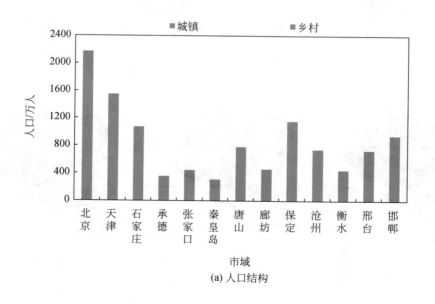

(a) 人口结构

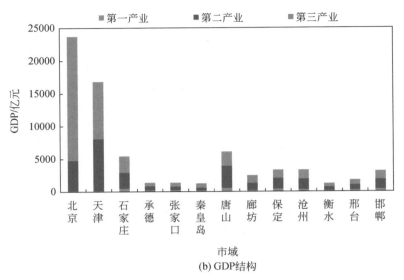

(b) GDP结构

图 7-2　京津冀地区 2015 年市域人口和 GDP 结构

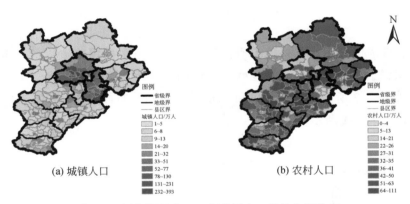

图 7-3　京津冀地区 2015 年县域人口结构空间分布

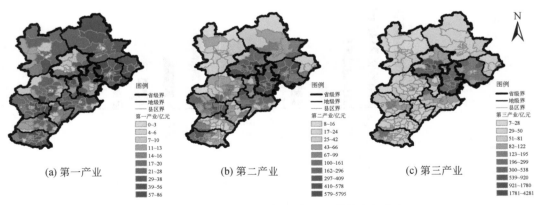

图 7-4　京津冀地区 2015 年县域 GDP 结构空间分布

表 7-1 京津冀地区 2015 年县域特征信息统计

地区		北京	天津	河北	京津冀
市域数量 /个		1	1	11	13
县域数量 /个		16	16	168	200
面积 /km²	县域总面积	16 410	11 946	186 275	214 631
	最大面积县域	2 229 （密云区）	2 270 （滨海新区）	9 220 （围场满族蒙古族自治县）	9 220 （围场满族蒙古族自治县）
	最小面积县域	42 （东城区）	10 （和平区）	61 （裕华区）	10 （和平区）
人口 /万人	县域总人口	2 170.5	1 547.0	7 470.3	11 187.8
	最多人口县域	395.5 （朝阳区）	297.0 （滨海新区）	124.0 （定州市）	395.5 （朝阳区）
	最少人口县域	30.8 （门头沟区）	34.9 （和平区）	6.5 （鹰手营子矿区）	6.5 （鹰手营子矿区）
GDP /亿元	县域总 GDP	20 650	19 048	27 475	67 173
	最大 GDP 县域	4 640 （朝阳区）	9 270 （滨海新区）	891 （迁安市）	9 270 （滨海新区）
	最小 GDP 县域	107 （延庆区）	192 （红桥区）	22 （下花园区）	22 （下花园区）

注：京津冀县级行政区划近年来经历不断调整，包括撤县设市/撤市设区、分解/合并、更名等，本书按照 2017 年底的县域区划计算，即京津冀地区共包含 200 个县域，将 2015 年底（现状）京津冀县域情况（共包含 202 个县域）按照 2017 年底情况进行修正。

（3）深入解读区域协同发展战略提出以来颁布的京津冀各地区相关规划文件，如表 7-2 所示，主要包括"十三五"规划纲要、城市总体规划、土地利用总体规划、水利相关规划等，根据国家级、省级、市级三级规划目标（以目标值或增长率表示），按照从上至下分解协调原则，进行社会经济发展预测。

表 7-2　社会经济发展预测参考规划文件

地区	国民经济和社会发展第十三个五年规划纲要	城市总体规划	土地利用总体规划	水利相关规划	其他
北京市	北京市、东城区、西城区、朝阳区、丰台区、石景山区、海淀区、通州区、顺义区、大兴区、房山区、门头沟区、昌平区、平谷区、密云区、怀柔区、延庆区	北京市	北京市	《北京市十三五时期水务发展规划》《北京市十三五时期节水型社会建设规划》	《北京市十三五时期都市现代农业发展规划》《中共北京市委、北京市人民政府关于全面深化改革提升城市规划建设管理水平的意见》《北京城市副中心控制性详细规划（街区层面）》
天津市	天津市、和平区、河东区、河西区、南开区、河北区、红桥区	天津市、滨海新区	东丽区、西青区、津南区、北辰区、武清区、宝坻区、宁河区、静海区、蓟县、滨海新区	《天津市水务发展十三五规划》《天津市关于实行最严格水资源管理制度的意见》《天津市城市供水规划》	《天津市人口发展十三五规划》《天津市农业和农村经济发展十三五规划》《天津市现代畜禽种业发展规划》《滨海新区人口发展十三五规划》
河北省	河北省、保定市、沧州市、承德市、邯郸市、衡水市、廊坊市、秦皇岛市、石家庄市、唐山市、邢台市、张家口市	保定市、沧州市、承德市、邯郸市、衡水市、廊坊市、秦皇岛市、石家庄市、唐山市、邢台市、张家口市	—	《河北省水利发展十三五规划》《河北省实行最严格水资源管理制度实施方案》《河北省水资源消耗总量和强度双控实施方案》《河北省保障水安全实施纲要》	《河北省人口发展规划》《河北省城镇体系规划》《河北省现代农业发展十三五规划》《河北省高标准农田建设总体规划》《河北省牛羊肉生产发展规划》《河北雄安新区规划纲要》
京津冀	《十三五时期京津冀国民经济和社会发展规划》	—	—	《京津冀协同发展水利专项规划》	《京津冀协同发展规划纲要》《京津冀协同发展生态环境保护规划》《环渤海地区合作发展纲要》

7.1.2 考虑"三生"用水的需水量预测

本章采用市域和县域双层方法开展需水量预测，如图 7-5 所示。

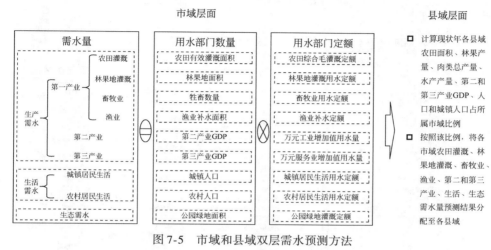

图 7-5 市域和县域双层需水预测方法

地区	水平年	农田有效灌溉面积/万亩	林果地灌溉面积/万亩	畜牧/万头头				渔业补水面积/万亩	GDP/亿元		人口/万人	
				猪	家禽	牛	羊		第二产业	第三产业	城镇	农村
北京	2015	206.0	120.0	450.0	2128.4	27.0		5.0	4068.1	16458.1	1877.5	293.0
	2020	154.9	100.0	200.0	7700.0	14.0		5.0	5648.6	23173.6	1903.0	297.0
	2030	154.9	90.0	150.0	3000.0	10.0		5.0	10936.4	44867.2	2024.0	276.0
天津	2015	462.8	110.0	378.0	8019.3	19.6	68.6	50.9	8895.4	9905.0	1278.0	269.0
	2020	544.3	100.0	400.0	8000.0	25.0	70.0	90.0	13762.8	17203.5	1566.0	234.0
	2030	613.8	90.0	400.0	8000.0	25.0	70.0	90.0	17084.9	38651.0	1956.5	193.5
石家庄	2015	766.9	251.2	608.6	16154.0	57.1	163.9	23.1	2243.7	2278.5	588.8	421.2
	2020	789.8	275.5	617.9	16221.6	66.9	174.4	25.4	3000.0	3975.0	655.2	384.8
	2030	801.4	275.5	617.9	16221.6	66.9	174.4	25.4	4700.9	8058.6	730.1	312.9
唐山	2015	654.1	107.1	659.2	6754.9	49.5	118.5	28.5	2942.7	1892.5	425.7	304.3
	2020	673.6	117.5	669.3	6783.2	58.0	126.1	31.3	4770.0	3420.0	495.1	244.9
	2030	683.5	117.5	669.3	6783.2	58.0	126.1	31.3	8059.0	6930.7	519.4	222.6
秦皇岛	2015	185.7	69.9	269.9	3883.7	18.8	214.0	9.8	340.4	466.9	150.3	127.7
	2020	191.2	76.7	274.1	3899.9	22.0	227.8	10.7	660.0	1100.0	195.0	105.0
	2030	194.0	76.7	274.1	3899.9	22.0	227.8	10.7	1074.6	2149.2	210.7	90.3
邯郸	2015	804.4	71.4	542.2	10385.9	29.1	397.0	3.7	1514.0	1253.7	528.7	500.3
	2020	828.3	78.3	550.5	10429.4	34.1	422.5	4.0	2250.0	2250.0	618.0	412.0
	2030	840.5	78.3	550.5	10429.4	34.1	422.5	4.0	4038.3	4100.9	723.4	310.0
邢台	2015	866.1	127.0	264.9	5804.7	20.7	123.9	3.6	747.9	654.8	360.4	394.6
	2020	891.9	139.3	269.0	5827.0	24.3	131.9	4.0	1266.5	1063.9	462.0	308.0
	2030	905.0	139.3	269.0	5827.0	24.3	131.9	4.0	1905.1	2358.7	541.1	231.9
保定	2015	976.2	202.5	648.8	5774.2	30.0	297.2	8.4	1399.5	1069.2	555.5	634.6
	2020	1005.2	222.1	658.8	5798.4	35.1	316.3	9.2	2070.0	2070.0	738.0	492.0
	2030	1020.0	222.1	658.8	5798.4	35.1	316.3	9.2	5563.6	7232.7	992.6	425.4
张家口	2015	371.3	179.3	272.7	3232.7	33.6	354.5	14.8	498.0	524.1	237.0	217.0
	2020	382.4	196.6	276.9	3246.2	39.4	377.3	16.2	700.0	1000.0	276.0	184.0
	2030	388.0	196.6	276.9	3246.2	39.4	377.3	16.2	1432.8	1862.6	327.3	133.7
承德	2015	183.5	177.0	243.7	9664.2	53.6	143.2	8.8	614.9	469.3	176.0	200.0
	2020	188.9	194.1	247.4	9704.7	62.9	152.4	9.7	880.0	920.0	220.0	180.0
	2030	191.7	194.1	247.4	9704.7	62.9	152.4	9.7	1432.8	1898.5	280.7	120.3
沧州	2015	744.2	246.6	273.7	10399.0	44.1	240.0	7.7	1457.3	1195.3	384.6	390.4
	2020	766.3	270.4	277.9	10442.5	54.0	255.4	8.5	2236.0	2600.0	480.0	320.0
	2030	777.6	270.4	277.9	10442.5	54.0	255.4	8.5	3724.8	5121.6	602.3	200.8
廊坊	2015	345.7	97.7	224.4	3305.1	36.7	204.3	4.8	931.7	983.9	249.2	204.3
	2020	356.0	107.2	227.8	3318.9	45.3	238.4	5.3	1560.0	2067.0	297.6	182.4
	2030	361.3	107.2	227.8	3318.9	45.3	238.4	5.3	2444.4	4190.4	371.1	110.9
衡水	2015	711.2	111.5	325.5	4807.9	29.0	168.5	1.7	468.9	406.0	203.8	233.2
	2020	732.4	122.3	330.4	4828.0	34.0	177.5	1.7	810.0	810.0	270.0	180.0
	2030	743.1	122.3	330.4	4828.0	34.0	177.5	1.7	1354.1	1612.0	316.4	135.6

(a) 数量预测

地区	水平年	农田综合毛灌溉定额 /(m³/亩)	林果地灌溉定额 /(m³/亩)	畜牧业用水定额 /[L/(头·d)] 猪	家禽	牛	羊	渔业补水定额 /(m³/亩)	万元工业增加值用水量 /m³	万元服务业增加值用水量 /m³	居民生活用水定额 /[L/(人·d)] 城镇	农村
北京	2015	212.6	120.0	40.0	4.0	40.0		1000.0	10.4	3.2	133.0	101.0
	2020	180.4	100.0	40.0	4.0	40.0		1000.0	8.0	2.0	135.0	105.0
	2030	154.2	90.0	40.0	4.0	40.0		1000.0	5.0	1.5	140.0	110.0
天津	2015	209.9	110.0	40.0	4.0	40.0	8.0	356.0	8.0	1.3	65.0	50.0
	2020	174.2	100.0	40.0	4.0	40.0	8.0	356.0	7.0	1.0	67.0	55.0
	2030	144.7	90.0	40.0	4.0	40.0	8.0	356.0	6.5	1.0	70.0	60.0
石家庄	2015	220.6	60.0	11.0	0.4	40.0	8.0	600.0	13.8	3.7	90.0	55.0
	2020	203.5	55.0	11.0	0.4	40.0	8.0	600.0	12.1	2.9	110.0	60.0
	2030	173.9	50.0	11.0	0.4	40.0	8.0	600.0	7.6	2.1	130.0	70.0
唐山	2015	235.1	60.0	11.0	0.4	40.0	8.0	600.0	15.7	4.6	90.0	55.0
	2020	199.7	55.0	11.0	0.4	40.0	8.0	600.0	12.6	3.7	110.0	60.0
	2030	171.6	50.0	11.0	0.4	40.0	8.0	600.0	8.6	2.6	130.0	70.0
秦皇岛	2015	237.4	60.0	11.0	0.4	40.0	8.0	600.0	32.0	4.9	90.0	55.0
	2020	218.3	55.0	11.0	0.4	40.0	8.0	600.0	23.0	3.9	110.0	60.0
	2030	169.4	50.0	11.0	0.4	40.0	8.0	600.0	17.6	2.8	130.0	70.0
邯郸	2015	167.7	60.0	11.0	0.4	40.0	8.0	600.0	15.7	1.0	90.0	55.0
	2020	148.5	55.0	11.0	0.4	40.0	8.0	600.0	12.1	1.0	110.0	60.0
	2030	126.9	50.0	11.0	0.4	40.0	8.0	600.0	6.7	1.0	130.0	70.0
邢台	2015	144.8	60.0	11.0	0.4	40.0	8.0	600.0	18.5	1.0	90.0	55.0
	2020	135.5	55.0	11.0	0.4	40.0	8.0	600.0	14.2	1.0	110.0	60.0
	2030	105.2	50.0	11.0	0.4	40.0	8.0	600.0	10.2	1.0	130.0	70.0
保定	2015	221.4	60.0	11.0	0.4	40.0	8.0	600.0	18.7	3.3	90.0	55.0
	2020	194.2	55.0	11.0	0.4	40.0	8.0	600.0	16.5	2.7	110.0	60.0
	2030	165.5	50.0	11.0	0.4	40.0	8.0	600.0	10.3	1.9	130.0	70.0
张家口	2015	194.9	60.0	11.0	0.4	40.0	8.0	600.0	21.5	2.6	90.0	55.0
	2020	201.5	55.0	11.0	0.4	40.0	8.0	600.0	16.6	2.1	110.0	60.0
	2030	162.4	50.0	11.0	0.4	40.0	8.0	600.0	11.8	1.5	130.0	70.0
承德	2015	218.0	60.0	11.0	0.4	40.0	8.0	600.0	30.2	4.6	90.0	55.0
	2020	203.9	55.0	11.0	0.4	40.0	8.0	600.0	26.6	3.6	110.0	60.0
	2030	172.1	50.0	11.0	0.4	40.0	8.0	600.0	16.6	2.5	130.0	70.0
沧州	2015	150.5	60.0	11.0	0.4	40.0	8.0	600.0	13.9	1.3	90.0	55.0
	2020	137.5	55.0	11.0	0.4	40.0	8.0	600.0	12.0	1.0	110.0	60.0
	2030	116.7	50.0	11.0	0.4	40.0	8.0	600.0	7.6	1.0	130.0	70.0
廊坊	2015	208.6	60.0	11.0	0.4	40.0	8.0	600.0	16.1	3.0	90.0	55.0
	2020	200.1	55.0	11.0	0.4	40.0	8.0	600.0	12.4	2.4	110.0	60.0
	2030	171.9	50.0	11.0	0.4	40.0	8.0	600.0	8.9	1.7	130.0	70.0
衡水	2015	166.2	60.0	11.0	0.4	40.0	8.0	600.0	21.6	2.7	90.0	55.0
	2020	150.2	55.0	11.0	0.4	40.0	8.0	600.0	16.0	2.2	110.0	60.0
	2030	127.9	50.0	11.0	0.4	40.0	8.0	600.0	11.9	1.7	130.0	70.0

(b) 定额预测

图 7-6 京津冀各市域、各用水部门数量和定额预测

1 亩 ≈ 666.7m²

对于市域层面，构建了考虑生产、生活、生态等用水部门的需水计算模型，即用水部门数量（为社会经济发展预测结果）和定额乘积，开展了现状和一体化格局初步形成、不同用水水平（包括正常用水、农田灌溉和全社会节水、生态环境提升等）的需水预测。其中，各地区各部门的用水定额，参考了京津冀三地各行业用水定额标准、各市域农业和水利相关规划以及历史用水效率统计数据等。京津冀各市域、各用水部门数量和定额预测如图 7-6 所示。

对于县域层面，基于遥感及各类统计数据，对市域结果进行降尺度估计，绘制了县域需水空间分布。步骤如下：①第一产业需水，包括农田灌溉、林果地灌溉、畜牧业和渔业补水，根据现状年各县域农田面积、林果产量、肉类总产量和水产产量占所属市域比例，将农田灌溉、林果地灌溉、畜牧业和渔业需水量各市域预测结果分配至各县域；②第二和

第三产业需水与 GDP 相关，根据现状年各县域第二、第三产业 GDP 占所属市域比例，将第二和第三产业需水量各市域预测结果分配至各县域；③生活需水与人口相关，根据现状年各县域人口占所属市域比例，将生活需水量各市域预测结果分配至各县域；④生态需水与城镇人口相关，根据现状年各县域城镇人口占所属市域比例，将生态需水量各市域预测结果分配至各县域。

7.1.3　考虑本地和外调的水资源量测算

1. 本地水资源量测算

本章收集了中国科学院地理科学与资源研究所研发的我国长系列陆地水文模拟数据集（Zhang et al.，2014）。该数据集的时间跨度为 1952～2012 年，时间分辨率为日，空间分辨率为 0.25°×0.25°，包括了降水、蒸散发和径流（即地表径流与基流之和）等数据。研发该数据集是以日尺度降水、气温、风速等气象观测数据作为模型输入，通过执行 VIC（variable infiltration capacity）水文模型，得到径流等模拟结果。需要说明的是，VIC 水文模型是由 Liang 等（1994）开发，可同时模拟水循环过程中水量和能量平衡的大尺度分布式水文模型。

将 0.25°×0.25°栅格数据重采样为 0.01°×0.01°栅格数据，进而通过累加各县域内的 0.01°×0.01°栅格数据，得到各县域的降水、蒸散发和径流（Li et al.，2019b）。

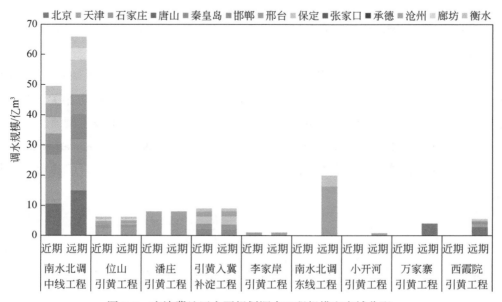

图 7-7　京津冀地区主要规划调水工程规模和市域分配

2. 外调水资源量测算

进入京津冀地区的外调水主要包括长江和黄河两大水源，利用了长江水资源丰富以及黄河地理位置靠近的优势。主要规划调水工程规模、市域分配和线路资料来源于水利部南水北调规划设计管理局，如图 7-7 所示。

假设工程规划线路途径的市域中所有县域均为受水区，且外调水工程均按照规划调水规模进行调水。县域外调水资源量的分配，如果已有分配方案，则根据方案分配至各县域；如果暂时未有分配方案，则根据人口分布按比例分配至各县域。

7.1.4 水资源安全诊断指标及阈值

水拥挤度指标（water-crowding indicator）以及利用量/资源量指标（use-to-availability indicator）由于简单直观而被广泛应用（Falkenmark et al., 2007；Falkenmark and Molden, 2008）。本章采用的水拥挤度指标包括人均水资源量和万元 GDP 水资源量，利用量/资源量指标为水短缺指数（WSI），可分别表示为

$$WA_{POP} = \frac{WA}{POP} \tag{7-1}$$

$$WA_{GDP} = \frac{WA}{GDP} \tag{7-2}$$

$$WSI = \frac{WD}{WA} \tag{7-3}$$

式中：WA 为任一县域的水资源量，这里考虑本地径流量和外调水资源量；POP 为任一县域的人口；GDP 为任一县域的 GDP；WD 为任一县域的需水量。

关于水资源安全阈值的确定，对于 WA_{POP}，低度、中度、高度短缺的阈值分别为 $1700m^3$、$1000m^3$、$500m^3$。对于 WA_{GDP}，由于阈值与用水和产业结构密切相关，难以统一确定阈值。对于 WSI，一般认为 0.4 和 1.0 分别为高度和极度短缺的发生阈值。

另外，采用无参数的径流对降水的弹性系数（ε_P）（Sankarasubramanian et al., 2001；Elsner et al., 2010）作为量化气候变化对县域水资源安全潜在影响的评价指标，可以表示为

$$\varepsilon_P = \text{median}\left(\frac{R_t - \bar{R}}{P_t - \bar{P}} \cdot \frac{\bar{P}}{\bar{R}}\right) \tag{7-4}$$

式中：R_t 和 P_t 分别为某一年的径流和降水；$\bar{R}$ 和 $\bar{P}$ 分别为多年平均径流和降水。

7.1.5 情景组合

本章开展了多情景组合的水资源安全诊断，主要包括：①社会经济发展设置现状和一体化情景；②用水水平设置正常用水水平、农田灌溉节水（10%和30%）、全社会节水（5%和10%）、生态环境提升（50%和100%）等情景；③本地水保障设置多年平均和丰平枯典型年等情景；④外调水保障设置无外调水、近期外调水、远期外调水保障等情景。基于地理信息系统，分别绘制了京津冀地区社会经济发展预测、需水量预测、本地和外调水资源量测算、水资源安全诊断的县域空间分布，开展了统计和分析。情景设置和方案代码如表 7-3 所示。

表 7-3 情景设置和方案代码

社会经济发展	现状	一体化						
用水水平	正常用水水平	正常用水水平	农田灌溉节水 10%	农田灌溉节水 30%	全社会节水 5%	全社会节水 10%	生态环境提升 50%	生态环境提升 100%
需水预测+本地水保障	S1	S2	S3	S4	S5	S6	S7	S8
需水预测+本地和近期外调水保障	S1 *	—	—	—	—	—	—	—
需水预测+本地和远期外调水保障	—	S2 **	S3 **	S4 **	S5 **	S6 **	S7 **	S8 **

7.2 结果与分析

7.2.1 县域人均 GDP 及空间分布

京津冀县域人均 GDP 空间分布如图 7-8 所示，不同人均 GDP 区间县域数量统计如图 7-9 所示。

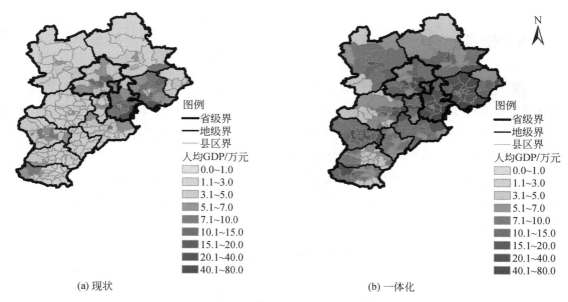

(a) 现状　　　　　　　　　　　　　　　　　(b) 一体化

图 7-8　京津冀县域人均 GDP 空间分布

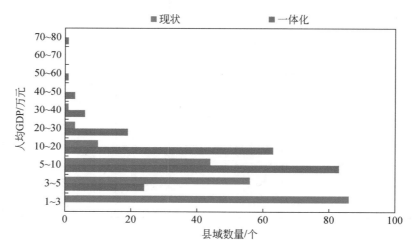

图 7-9　京津冀不同人均 GDP 区间县域数量统计

现状情景下，北京、天津、河北人均 GDP 分别为 10.6 万元、10.8 万元、4.0 万元。县域人均 GDP 介于 1 万~3 万元、3 万~5 万元、5 万~10 万元的县域数量位列前三位，分别有 86 个、56 个、44 个。有 1 个县域人均 GDP 超过 30 万元，为天津市滨海新区，有 3 个县域人均 GDP 超过 20 万元，包括北京市西城区（25.2 万元）和东城区（20.5 万元）、天津市和平区（22.2 万元）。

预测一体化情景下，北京、天津、河北人均 GDP 分别为 24.4 万元、26.1 万元、11.0 万元，较现状情景分别增加了 130.2%、141.7%、175.0%。县域人均 GDP 介于 5 万~

10 万元、10 万～20 万元、3 万～5 万元的县域数量位列前三位，分别有 83 个、63 个、24 个。由于人口控制和经济增长，将呈现由北京和天津两极发展不断辐射和带动河北大部分地区发展的趋势特征。一体化情景下，京津冀各县域人均 GDP 均将实现较快提升，其中有 5 个县域人均 GDP 甚至可能超过 40 万元，包括北京市西城区和东城区、河北省唐山市曹妃甸区、天津市和平区和滨海新区。

7.2.2　县域需水量及空间分布

正常用水水平下京津冀县域各用水部门需水量空间分布如图 7-10～图 7-13 所示。

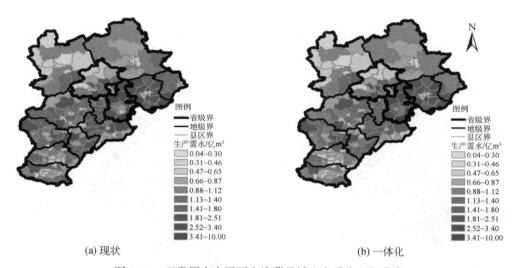

(a) 现状　　　　　　　　　　　　　　(b) 一体化

图 7-10　正常用水水平下京津冀县域生产需水空间分布

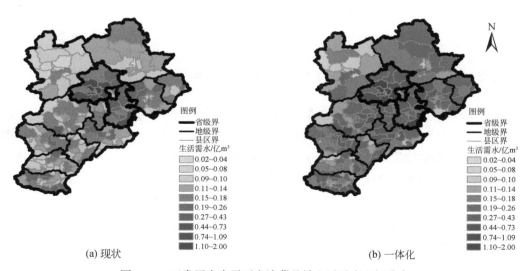

(a) 现状　　　　　　　　　　　　　　(b) 一体化

图 7-11　正常用水水平下京津冀县域生活需水空间分布

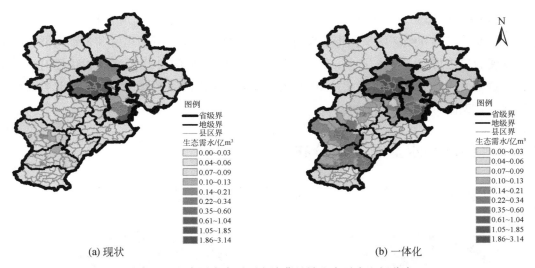

(a) 现状   (b) 一体化

图 7-12   正常用水水平下京津冀县域生态需水空间分布

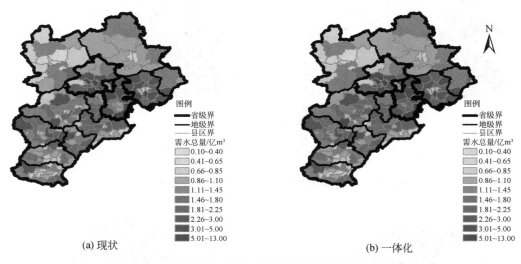

(a) 现状   (b) 一体化

图 7-13   正常用水水平下京津冀县域需水总量空间分布

不同用水水平下京津冀市域需水量结构以及县域需水量空间分布，包括现状和一体化正常用水（S1 和 S2）、农田灌溉节水 10% 和 30%（S3 和 S4）、全社会节水 5% 和 10%（S5 和 S6）、生态环境提升 50% 和 100%（S7 和 S8）等情景，如图 7-14 和图 7-15 所示。不同需水量区间县域数量统计如图 7-16 所示。

考虑正常用水水平（S1），现状情景下，京津冀全境需水总量为 263.3 亿 m³。其中，生产、生活、生态需水量分别占需水总量的 80.3%、12.8%、6.9%。第一、第二、第三产业需水量分别占生产需水量的 79.2%、16.1%、4.7%。城镇和农村居民生活需水量分别占生活需水量的 73.7% 和 26.3%。分地区看，北京生产、生活、生态需水量占比分别

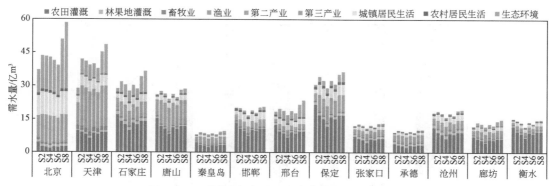

图 7-14 不同用水水平下京津冀市域需水量结构

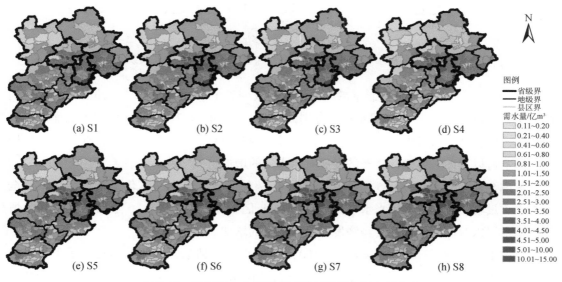

图 7-15 不同用水水平下京津冀县域需水量空间分布

为 44.3% 、27.6% 、28.1% ;天津和河北各地级市的生产需水量占比较高,其中天津为 77.6% ,河北各地级市介于 82.9% ~91.9% 。

假设用水水平保持不变 (S2) ,预测一体化情景下,京津冀全境需水总量为 296.7 亿 m³ ,较现状情景增加了 33.4 亿 m³ ,即增加了 12.7% 。其中,生产需水量占需水总量的比例减少为 70.7% ,生活和生态需水量占比分别增加为 16.6% 和 12.7% 。第一产业需水量占生产需水量的比例减少为 67.2% ,第二、第三产业需水量占比分别增加为 23.8% 和 9.0% 。总的来说,京津冀全境需水总量将得到有效控制,需水结构不断优化;尽管第一产业在需水量级上有一定减少,但在比例上仍居主导地位。

考虑农田灌溉节水 10% (S3) 和 30% (S4) 两种情景,预测一体化情景下,京津冀全境需水总量较一体化正常用水水平分别减少 11.2 亿 m³ 和 33.5 亿 m³ ,即分别减少了

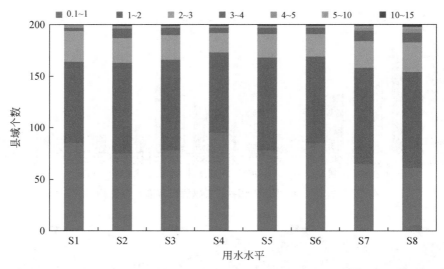

图 7-16　不同用水水平下京津冀不同需水量（亿 m³）区间县域数量统计

3.8% 和 11.3%。分地区看，北京需水总量分别减少了 0.6% 和 1.7%，天津需水总量分别减少了 2.1% 和 6.4%，河北需水总量分别减少了 4.7% 和 14.2%。由于河北农田灌溉占需水总量比例较高，通过农田灌溉节水可以有效控制京津冀需水总量。农田灌溉节水 30% 情景，基本可以对冲一体化社会经济发展对需水量的增加。

考虑全社会节水 5%（S5）和 10%（S6）两种情景，预测一体化情景下，京津冀全境需水总量较一体化正常用水水平分别减少 14.8 亿 m³ 和 29.7 亿 m³。全社会节水 10% 情景，基本可以对冲一体化社会经济发展对需水量的增加。

考虑生态环境提升 50%（S7）和 100%（S8）两种情景，预测一体化情景下，京津冀全境需水总量较一体化正常用水水平分别增加 18.8 亿 m³ 和 37.6 亿 m³，即分别增加了 6.3% 和 12.7%。

7.2.3　县域水资源量及空间分布

选择多年平均和典型年开展分析，其中典型年根据降水频率 75%、50%、25% 的年份来确定，枯、平、丰水年分别对应为 2005 年、2010 年、2012 年。京津冀地区 1952~2012 年降水、径流和蒸散发如图 7-17 所示。可以看出，京津冀全境整个时期径流呈波动减少趋势；多年平均径流深约合 104mm，典型枯、平、丰水年径流深分别约合 72mm、86mm、123mm。多年平均降水、径流、蒸散发和径流系数空间分布如图 7-18 所示。可以看出，多年平均降水、径流、蒸散发、径流系数范围分别介于 336~717mm、23~251mm、289~601mm、0.05~0.44。

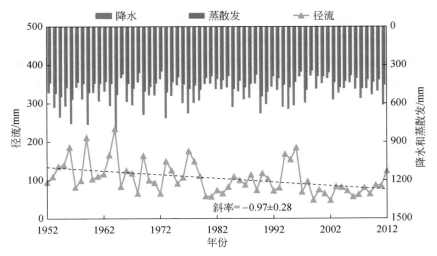

图 7-17　京津冀地区 1952～2012 年降水、径流和蒸散发

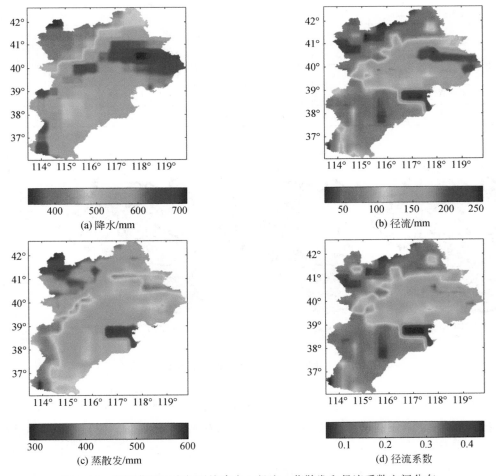

图 7-18　京津冀地区多年平均降水、径流、蒸散发和径流系数空间分布

不同情景下京津冀县域水资源量特征值如表7-4所示，空间分布如图7-19所示。可以看出，东北部县域的本地径流比其他县域更为丰富，包括秦皇岛、唐山、天津、北京的大部分县域以及承德和沧州的个别县域；县域径流最大值分别为224mm、221mm（多年平均和枯水年，天津静海）、271mm（平水年，秦皇岛青龙）和528mm（丰水年，秦皇岛抚宁）；县域径流最小值分别为36mm（多年平均，张家口万全）、21mm（枯水年，石家庄鹿泉）、18mm（平水年，保定高阳）和24mm（丰水年，衡水饶阳）。县域间径流大小差异数以十倍计。京津冀地区半数以上县域径流小于100mm（多年平均和三个典型年下径流小于100mm的县域数分别为114个、155个、143个和110个）。

表 7-4　不同情景下京津冀县域水资源量特征值　　（单位：mm）

情景		近期				远期			
典型年		多年平均	枯水年	平水年	丰水年	多年平均	枯水年	平水年	丰水年
调水前	最大值	224	221	271	528	224	221	271	528
	最小值	36	21	18	24	36	21	18	24
	京津冀	104	72	86	123	104	72	86	123
调水后	最大值	3817	3824	3750	3891	5901	5908	5834	5975
	最小值	36	22	40	27	36	22	48	27
	京津冀	135	103	117	154	154	122	137	174

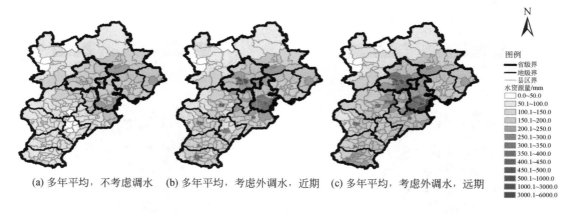

(a) 多年平均，不考虑调水　(b) 多年平均，考虑外调水，近期　(c) 多年平均，考虑外调水，远期

图 7-19　不同情景下京津冀县域水资源量空间分布

考虑近期调水工程增补后，京津冀全境多年平均和3个典型年本地和外调水资源量之和（按面积平均）分别增至135mm、103mm、117mm和154mm，较自然状态下增加了25%（丰水年）～44%（枯水年），特别是中南部县域水资源量有明显增加。多年平均和3个典型年水资源量小于100mm的县域数大幅减至36个、91个、73个和63个。可即便

如此，一些县域的水资源量仍然十分有限，这些县域逐渐向北部转移，这是由于调水工程将大部分外埠水资源调入南部县域。

考虑远期调水工程增补后，京津冀全境多年平均和 3 个典型年本地和外调水资源量之和（按面积平均）分别增至 154mm、122mm、137mm 和 174mm，较自然状态下增加了41%（丰水年）~70%（枯水年），中南部县域水资源量增加更为显著。多年平均和 3 个典型年水资源量小于 100mm 的县域数大幅减至 21 个、40 个、36 个和 28 个。

7.2.4 县域水资源安全指标及空间分布

1. 人均水资源量县域分布

不同情景下京津冀县域人均水资源量特征值如表 7-5 所示，空间分布如图 7-20 所示。现状情景下，近期调水工程增补前后，京津冀全境多年平均 WA_{POP} 分别为 213m^3 和 279m^3。分布上看，西北部县域的 WA_{POP} 比东南部大，这与人口分布正好相反。县域 WA_{POP} 最大值分别为 2089m^3、1263m^3（多年平均和枯水年，承德兴隆）、1777m^3（平水年，秦皇岛青龙）和 3149m^3（丰水年，承德兴隆）。近期调水工程增补前后，县域 WA_{POP} 最小值从3.8m^3（多年平均，天津和平）、2.6m^3（枯水年，石家庄桥西）、1.9m^3 和 5.9m^3（平水年和丰水年，天津和平）增至 35.8m^3（多年平均，唐山路北）、23.8m^3（枯水年，张家口桥西）、22.2m^3（平水年，唐山路北）和 28.7m^3（丰水年，张家口桥西）。近期调水工程增补前后，多年平均和 3 个典型年 WA_{POP} 小于 100m^3 的县域数从 66 个、114 个、89 个、82 个大幅减少至 12 个、26 个、21 个、21 个，主要集中在北京的 6 个主城区以及河北的部分县域。即使在近期调水工程增补后，多年平均和 3 个典型年下分别有 36 个、24 个、27 个、45 个县域（分别占县域总数的 18%、12%、13.5%、22.5%）WA_{POP} 大于 1000m^3（低度短缺），其中仅有 13 个、4 个、11 个、14 个县域（分别占县域总数的 6.5%、2%、5.5%、7%）WA_{POP} 大于 1700m^3（不短缺）。

表 7-5 不同情景下京津冀县域人均水资源量特征值 （单位：m^3）

情景		现状/近期				一体化/远期			
典型年		多年平均	枯水年	平水年	丰水年	多年平均	枯水年	平水年	丰水年
调水前	最大值	2089	1263	1777	3149	1955	1182	1639	2948
	最小值	3.8	2.6	1.9	5.9	3.0	2.5	1.5	4.6
	京津冀	213	147	176	252	193	133	159	228

续表

情景		现状/近期				一体化/远期			
调水后	最大值	2089	1263	1777	3149	1955	1182	1639	2948
	最小值	35.8	23.8	22.2	28.7	35.2	23.4	21.8	28.2
	京津冀	279	213	242	318	290	230	257	326

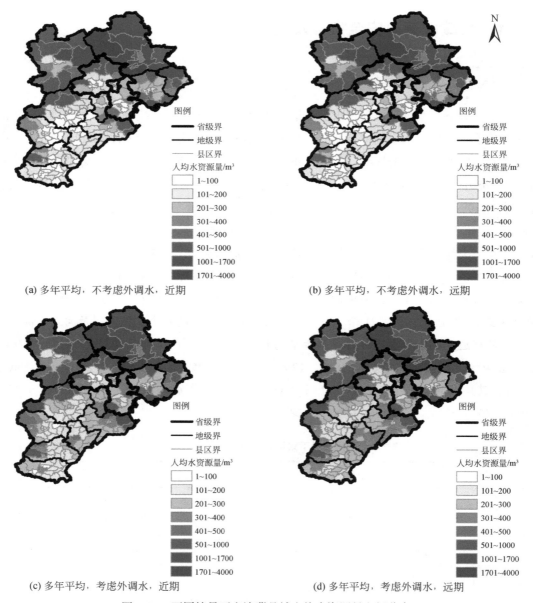

(a) 多年平均，不考虑外调水，近期

(b) 多年平均，不考虑外调水，远期

(c) 多年平均，考虑外调水，近期

(d) 多年平均，考虑外调水，远期

图 7-20　不同情景下京津冀县域人均水资源量空间分布

一体化情景下，远期调水工程增补后，预测京津冀全境多年平均WA_{POP}为 290m³。与近期调水工程增补情景相比（279m³），WA_{POP}有小幅增加，WA_{POP}的特征值以及在不同WA_{POP}区间的县域数变化较小。

2. 万元 GDP 水资源量县域分布

不同情景下京津冀县域万元 GDP 水资源量特征值如表 7-6 所示，空间分布如图 7-21 所示。现状情景下，近期调水工程增补前后，京津冀全境多年平均WA_{GDP}分别为 35m³ 和 46m³。分布上看，西北部县域的WA_{GDP}比东南部大，这与 GDP 分布正好相反。县域WA_{GDP}最大值分别为 792m³ 和 544m³（多年平均和枯水年，承德丰宁）、1026m³ 和 1607m³（平水年和丰水年，秦皇岛青龙）。近期调水工程增补前后，县域WA_{GDP}最小值从 0.2m³（多年平均，天津和平）、0.1m³（枯水年，北京西城）、0.1m³ 和 0.3m³（平水年和丰水年，天津和平）增至 2.2m³、2.0m³、2.1m³ 和 2.3m³（多年平均和 3 个典型年，北京西城）。近期调水工程增补前后，多年平均和 3 个典型年WA_{GDP}小于 20m³ 的县域数从 51 个、70 个、68 个、52 个大幅减少至 21 个、27 个、22 个、16 个，主要集中在北京和天津的主城区以及河北的部分县域。

表 7-6　不同情景下京津冀县域万元 GDP 水资源量特征值　　　　（单位：m³）

情景		现状/近期				一体化/远期			
典型年		多年平均	枯水年	平水年	丰水年	多年平均	枯水年	平水年	丰水年
调水前	最大值	792	544	1026	1607	290	199	266	417
	最小值	0.2	0.1	0.1	0.3	0.1	0.0	0.0	0.1
	京津冀	35	24	29	42	12	8	10	14
调水后	最大值	792	544	1026	1607	290	199	266	417
	最小值	2.2	2.0	2.1	2.3	1.4	1.3	1.3	1.4
	京津冀	46	35	40	53	18	14	16	20

一体化情景下，远期调水工程增补后，预测京津冀全境多年平均WA_{GDP}为 18m³。与近期调水工程增补情景相比（46m³），WA_{GDP}明显减小，WA_{GDP}的特征值以及在不同WA_{GDP}区间的县域数变化较大。

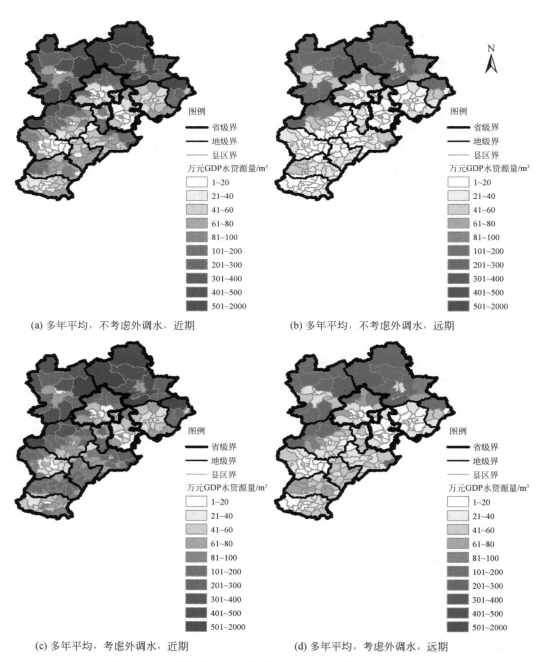

(a) 多年平均，不考虑外调水，近期　　　(b) 多年平均，不考虑外调水，远期

(c) 多年平均，考虑外调水，近期　　　(d) 多年平均，考虑外调水，远期

图 7-21　不同情景下京津冀县域万元 GDP 水资源量空间分布

3. 水短缺指数县域分布

不同情景下京津冀县域水短缺指数空间分布如图 7-22 所示。不同水短缺指数区间县

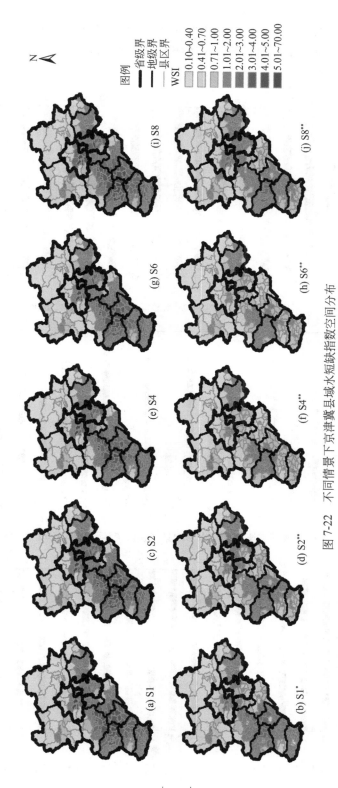

图 7-22 不同情景下京津冀县域水短缺指数空间分布

域数量统计如图 7-23 所示。以发生极度缺水 WSI=1.0 为阈值，受缺水影响县域人口统计如图 7-24 所示。不同缺水量区间县域数量统计如图 7-25 所示。水短缺指数特征值及受缺水影响情况如表 7-7 所示。

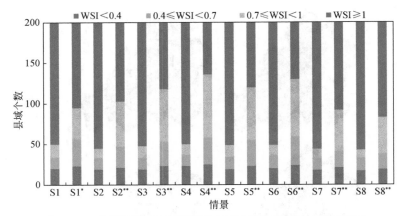

图 7-23 不同情景下京津冀不同水短缺指数区间县域数量统计

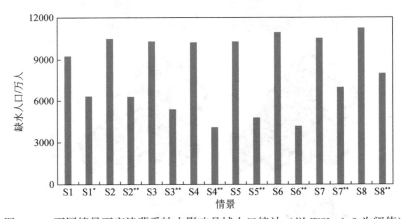

图 7-24 不同情景下京津冀受缺水影响县域人口统计（以 WSI=1.0 为阈值）

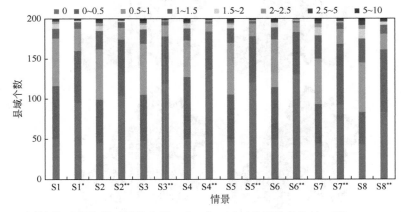

图 7-25 不同情景下京津冀不同缺水量（亿 m³）区间县域数量统计（以 WSI=1.0 为阈值）

表 7-7　不同情景下京津冀县域水短缺指数特征值及受缺水影响情况（以 WSI=1.0 为阈值）

情景	县域 WSI 最大值	县域 WSI 最小值	京津冀全境 WSI	缺水县域数量 /个	影响人口 /万人	缺水量 /(亿 m³/a)
S1	26.37	0.13	1.10	150	9 248.8	105.9
S1*	3.49	0.13	0.84	105	6 330.5	54.1
S2	48.16	0.14	1.24	155	10 488.0	136.6
S2**	3.21	0.14	0.83	97	6 297.1	41.4
S3	48.16	0.14	1.20	152	10 297.5	127.8
S3**	3.16	0.14	0.80	82	5 399.7	36.2
S4	48.16	0.12	1.10	150	10 226.6	110.7
S4**	3.05	0.12	0.73	64	4 088.3	28.3
S5	45.75	0.13	1.18	151	10 283.6	124.5
S5**	3.05	0.13	0.79	80	4 789.1	34.1
S6	43.34	0.13	1.12	151	10 935.0	112.5
S6**	2.89	0.13	0.74	70	4 176.5	28.0
S7	55.06	0.14	1.32	156	10 524.8	153.9
S7**	3.46	0.14	0.88	108	6 852.7	54.4
S8	61.96	0.14	1.40	157	11 232.9	171.2
S8**	3.72	0.14	0.93	117	7 970.5	68.4

无调水时，相比现状情景，一体化情景尽管减缓了水资源压力的快速增加，但是水资源压力仍未消除（S1 情景京津冀全境多年平均 WSI=1.10，各县域 WSI 范围介于 0.13 ~ 26.37，缺水县域数量 150 个，涉及的县域总人口 9248.8 万人，缺水量 105.9 亿 m³/a；S2 情景 WSI=1.24，各县域 WSI 范围介于 0.14 ~ 48.16，缺水县域数量 155 个，涉及的县域总人口 10 488.0 万人，缺水量 136.6 亿 m³/a）。

调水工程增补后，不同情景下京津冀大部分县域尤其是中南部县域水资源压力状况可以得到明显缓解，考虑现状和近期调水情景与考虑一体化和远期调水情景水资源压力基本持平（S1* 情景 WSI=0.84，各县域 WSI 范围介于 0.13 ~ 3.49，缺水县域数量 105 个，涉及的县域总人口 6330.5 万人，缺水量 54.1 亿 m³/a；S2** 情景 WSI=0.83，各县域 WSI 范围介于

0.14~3.21，缺水县域数量 97 个，涉及的县域总人口 6297.1 万人，缺水量 41.4 亿 m³/a）。

在开发外调水源的同时，提高农田灌溉水利用效率和创建节水型社会是提升京津冀水资源安全保障能力的重要途径（S4** 情景 WSI = 0.73，缺水县域数量 64 个，涉及的县域总人口 4088.3 万人，缺水量 28.3 亿 m³/a；S6** 情景 WSI = 0.74，缺水县域数量 70 个，涉及的县域总人口 4176.5 万人，缺水量 28.0 亿 m³/a）。

在生态文明建设背景下，国民渴望宜居环境诉求不断增强，生态环境需水量不断提高，也可能会增加京津冀地区的水资源压力（S7** 情景 WSI = 0.88，缺水县域数量 108 个，涉及的县域总人口 6852.7 万人，缺水量 54.4 亿 m³/a；S8** 情景 WSI = 0.93，缺水县域数量 117 个，涉及的县域总人口 7970.5 万人，缺水量 68.4 亿 m³/a）。

4. 径流对降水的弹性系数县域分布

京津冀县域径流对降水的弹性系数空间分布如图 7-26 所示。可以看出，各县域弹性系数范围介于 1.16~3.44；北部、西部和南部等县域弹性系数相对较大，表明这些县域的径流对降水变化更为敏感。尤其是，南部县域水资源相对短缺且脆弱，需要更加关注这些县域在气候变化下的水资源安全问题。

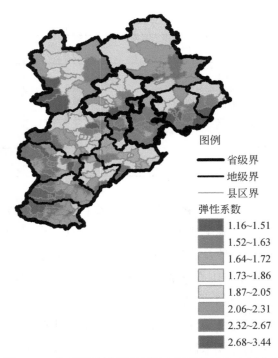

图 7-26　京津冀县域径流对降水的弹性系数空间分布

7.3 讨　论

（1）本章在开展社会经济发展预测时，主要利用了京津冀协同发展战略提出以来的规划资料，部分文件规划至 2030 年，部分文件展望到 2035 年，由于外延规划不确定性较大，本章采用插值方法将预测水平年统一为 2030 年，这与部分规划文件设定的京津冀一体化格局基本形成的时间点保持一致。另外，随着新规划不断出台覆盖旧规划，以及外部政治、经济、社会等环境变化，对京津冀地区发展的预期目标可能会有所调整，为此有必要根据新的形势要求开展滚动研究。

（2）本章在开展需水量预测时，仅考虑了取用新水，事实上京津冀一些地区的再生水利用比例较高，例如 2016 年北京、天津、河北的再生水利用率分别达到了 55%、2.2%、22%（杜朝阳和于静洁，2018），随着再生水进一步挖潜利用，将有效缓解京津冀地区的水资源压力。在考虑用水和节水情景时，参考了历史用水统计数据，例如 2018 年相对 2000 年，京津冀地区耕地灌溉用水量减少了 33%，全社会用水量减少了 9%，人工生态环境从零补水快速增长至占全社会用水量的 13.4%。需要注意的是，水资源利用效率提升存在技术上的刚性约束，通过优化用水结构实现进一步提升将成为必然选择（徐志伟和张桂娇，2013）。

（3）本章在开展本地水资源量测算时，利用了陆地水文模拟数据集。经验证，其径流模拟结果可以重现海河流域滦县、观台两个代表水文站的水文过程。该数据集的蒸散发和土壤湿度等其他模拟结果，也与一些观测或者基于观测的数据产品进行了比较，证明了结果的可靠性（Zhang et al.，2014）。在开展外调水资源量测算时，本章仅考虑了从京津冀以外地区向以内地区输水的调水工程，未考虑京津冀地区内部调水。由于自然、政策等外部环境变化，规划调水工程规模、市域分配和线路均有可能调整，具有一定不确定性。

（4）本章在开展水资源安全诊断时，仅考虑了水量安全。一般认为水安全或水资源承载力包含诸多内容，涉及供水安全、防洪安全、水环境安全、水生态安全等多个维度（夏军和石卫，2016；王建华等，2017）。一些学者通过构建多维指标体系来描述水资源安全状况，一般以省域或市域作为基本单元，回顾和评价历史的水资源安全时空格局（贾绍凤和张士锋，2003；刘瑜洁等，2016；鲍超和邹建军，2018；韩雁等，2018）。这与本章以县域作为基本单元预测未来区域协同发展下的水资源安全情势有所区别。另外，本章采用的水短缺指数，在许多文献中使用了径流量（不扣除汛期洪水和河道内生态流量）作为分母项（Oki and Kanae，2006），也有文献简单取径流量的 30% 作为河道内生态流量进行扣除（Hanasaki et al.，2008a，2008b），本章采用了前者做法，即直接利用了径流量结果，并未对径流可利用量部分进行剥离。未来应进一步研究径流的时空分布特征，细化对汛期洪水和生态流量的考虑，有效剥离出径流可利用量部分。

（5）本章在进行气候变化影响评价时，采用了简化的弹性系数方法，未来可基于政府间气候变化专门委员会（IPCC）发布的不同气候模式和不同排放情景，考虑气候变化对水资源可能产生的影响，进一步评价变化气候下的县域水资源安全。

7.4　本章小结

本章构建了以县域为基本单元的水资源安全诊断方法体系，开展了京津冀一体化格局初步形成的社会经济发展和需水量预测，测算了本地径流量和近期、远期调水量，采用人均水资源量（WA_{POP}）、万元GDP水资源量（WA_{GDP}）、水短缺指数（WSI）、径流对降水的弹性系数（ε_P）等作为评价指标，诊断了变化环境下多情景组合的水资源安全情势。取得的主要结论包括：

（1）深入解读了区域协同发展相关规划，预测了京津冀一体化的社会经济发展县域空间分布。一体化情景下，京津冀三地人均GDP将成倍增长（相比现状分别增加了130.2%、141.7%、175.0%），由于人口控制和经济增长，将呈现京津两极辐射河北大部分地区的趋势特征。

（2）采用定额法，构建了考虑生产、生活和生态等用水部门的需水计算模型，预测了不同用水水平下京津冀地区需水量的县域空间分布。预测一体化情景下，考虑正常用水水平，区域需水总量将得到有效控制，需水结构不断优化（假设用水水平相同，一体化情景需水总量较现状增加12.7%）。尽管第一产业在需水量级上有一定减少，但在比例上仍居主导地位。由于河北的农田灌溉占需水总量比例较高，通过农田灌溉节水可以有效控制京津冀需水总量。预计一体化情景社会经济发展对水资源需求增量约为30亿m³，这基本能够通过农田灌溉节水30%和全社会节水10%实现对冲。

（3）通过收集和处理陆地水文模拟数据集，以及跨流域调水工程规划资料，测算了京津冀地区本地径流量和近期、远期调水量的县域空间分布。京津冀全境多年平均径流深约合104mm，本地径流空间分布不均，东北部县域的本地径流比其他县域更为丰富，径流深小于100mm的县域数量约占57%。考虑调水工程增补后，中南部县域的水资源量有明显增加，按面积平均的水资源量小于100mm的县域数量减少至11%~18%。

（4）绘制了京津冀地区不同情景下人均和万元GDP水资源量的县域空间分布。现状情景下，京津冀西北部县域的WA_{POP}和WA_{GDP}比东南部县域大；近期调水工程增补前后，京津冀全境多年平均WA_{POP}分别为213m³和279m³，多年平均WA_{GDP}分别为35m³和46m³。预测一体化情景下，远期调水工程增补后，京津冀全境多年平均WA_{POP}和WA_{GDP}分别为

290m^3 和 18m^3，WA$_{POP}$略有改善，WA$_{GDP}$情况恶化。

（5）绘制了京津冀地区不同情景下水短缺指数的县域空间分布。无外调水时，假设用水水平相同，一体化情景下京津冀水资源压力较现状增加，WSI 大于极度缺水发生阈值 1.0（现状京津冀全境 WSI 为 1.10，一体化为 1.24），预计受缺水影响县域的总人口超 1 亿人，缺水量 137 亿 m^3/a。考虑外调水保障后，一体化情景下京津冀水资源压力和现状基本持平，WSI 小于极度缺水发生阈值，但大于高度缺水发生阈值 0.4（现状和近期调水京津冀全境 WSI 为 0.84，一体化和远期调水为 0.83），预计受缺水影响县域的总人口 6300 万人，缺水量 41 亿 m^3/a。即便考虑外调水保障，农田灌溉节水 30% 和全社会节水 10% 两种情景，WSI 仍然大于高度缺水发生阈值（京津冀全境 WSI 分别为 0.73 和 0.74），预计受缺水影响县域的总人口 4100 万人，缺水量 28 亿 m^3/a。从分布上看，不同情景下调水工程增补后，京津冀大部分县域尤其是中南部县域水资源压力明显缓解。

（6）绘制了京津冀地区水资源对气候变化敏感程度的县域空间分布。京津冀南部县域的水资源相对短缺且脆弱，需要更加关注这些县域在气候变化下的水资源安全问题。

本章提出的方法体系将为同类城市群水安全问题研究提供重要参考，取得的研究成果将揭示京津冀地区水资源对社会经济发展承载力的空间分布特征，为落实"以水定城、以水定地、以水定人、以水定产"原则要求，优化区域水资源配置，指导人口转移和产业结构调整，促进区域可持续发展等提供科技支撑。为提升京津冀水资源安全保障能力，需要深入落实高质量发展和适水发展战略，节流和开源并举。节流方面包括继续提高农田灌溉水利用效率和创建节水型社会；开源方面，要继续挖掘再生水、雨洪水、淡化水等非常规水资源利用潜力。

参 考 文 献

薄文广，陈飞.2015.京津冀协同发展：挑战与困境.南开学报（哲学社会科学版），（1）：110-118.

鲍超，邹建军.2018.基于人水关系的京津冀城市群水资源安全格局评价.生态学报，38（12）：4180-4191.

陈家琦.2002.水安全保障问题浅议.自然资源学报，17（3）：276-279.

陈志恺.2002.人口、经济与水资源的关系.海河水利，（2）：1-4.

程国栋.2003.虚拟水——中国水资源安全战略的新思路.中国科学院院刊，18（4）：260-265.

邓晓军，许有鹏，翟禄新，等.2014.城市河流健康评价指标体系构建及其应用.生态学报，34（4）：993-1001.

杜朝阳，于静洁.2018.京津冀地区适水发展问题与战略对策.南水北调与水利科技，16（4）：17-25.

段娜.2019.邯郸市主城区水循环健康评价与演变分析.邯郸：河北工程大学硕士学位论文.

范威威.2018.京津冀水循环健康评价与水资源配置研究.北京：华北电力大学（北京）硕士学位论文.

封志明，刘登伟.2006.京津冀地区水资源供需平衡及其水资源承载力.自然资源学报，21（5）：689-699.

高艳玲，吕炳南，王立新.2005.健康水循环与水资源可持续利用.城市问题，（5）：46-49.

郭颖娟.2013.石家庄市城市用水健康循环研究.石家庄：河北科技大学硕士学位论文.

郭丹红.2020.京津冀协同发展背景下的县域水资源安全诊断.长沙：长沙理工大学硕士学位论文.

韩雁，张士锋，吕爱锋.2018.外调水对京津冀水资源承载力影响研究.资源科学，40（11）：2236-2246.

贾绍凤，张军岩，张士锋.2002.区域水资源压力指数与水资源安全评价指标体系.地理科学进展，21（6）：538-545.

贾绍凤，张士锋.2003.海河流域水资源安全评价.地理科学进展，22（4）：379-387.

江恩慧，王远见，田世民，等.2020.流域系统科学初探.水利学报，51（9）：1026-1037.

金菊良，吴开亚，魏一鸣.2008.基于联系数的流域水安全评价模型.水利学报，39（4）：401-409.

李德毅，杜鹢.2005.不确定性人工智能.北京：国防工业出版社.

李德毅，刘常昱.2004.论正态云模型的普适性.6（8）：28-34.

李德毅，孟海军，史雪梅.1995.隶属云和隶属云发生器.计算机研究与发展，32（6）：15-20.

李威，朱艳峰.2007.2006年全球重大天气气候事件概述.气象，33（4）：108-111.

李想，郭丹红，刘家宏，等.2021.京津冀协同发展背景下的县域水资源安全诊断.水利水电技术（中英文），52（10）：59-71.

李宗波.2000-06-12.地球不能失去安全水源——第二届世界水资源论坛侧记.人民日报，（4）.

联合国教科文组织国际水文计划中国国家委员会 . 2001. 水的安全——人类的基本需要权利（联合国秘书
　　长科菲·安南在世界水日的献词）. 水科学进展, 12（2）: 280.

刘家宏, 秦大庸, 王浩, 等 . 2010. 海河流域二元水循环模式及其演化规律 . 科学通报, 55（6）:
　　512-521.

刘沛衡 . 2020. 京津冀地区水循环健康评价 . 郑州: 华北水利水电大学硕士学位论文 .

刘瑜洁, 刘俊国, 赵旭, 等 . 2016. 京津冀水资源脆弱性评价 . 水土保持通报, 36（3）: 211-218.

龙爱华, 徐中民, 张志强 . 2003. 西北四省（区）2000 年的水资源足迹 . 冰川冻土, 25（6）: 692-700.

栾清华, 张海行, 刘家宏, 等 . 2015. 基于 KPI 的邯郸市水循环健康评价 . 水利水电技术, 46（10）:
　　26-30.

栾清华, 张海行, 褚俊英, 等 . 2016. 基于关键绩效指标的天津市水循环健康评价 . 水电能源科学,
　　34（5）: 38-41.

裴梦桐 . 2020. 降雨产汇流过程下城市水循环监测与评价 . 邯郸: 河北工程大学硕士学位论文 .

仇亚琴 . 2006. 水资源综合评价及水资源演变规律研究 . 北京: 中国水利水电科学研究院博士学位论文 .

阮本清, 魏传江, 韩宇平, 等 . 2004. 首都圈水资源保障研究 . 中国水利, （22）: 52-54.

石卫, 夏军, 李福林, 等 . 2016. 山东省流域水资源安全分析 . 武汉大学学报（工学版）, 49（6）:
　　801-805, 817.

水利部水利水电规划设计总院 . 2014. 中国水资源及其开发利用调查评价 . 北京: 中国水利水电出版社 .

孙久文, 原倩 . 2014. 京津冀协同发展战略的比较和演进重点 . 经济社会体制比较, （5）: 1-11.

王富强, 刘沛衡, 杨欢, 等 . 2019. 基于 PSR 模型的刁口河尾闾湿地生态系统健康评价 . 水利水电技术,
　　50（11）: 75-83.

王富强, 马尚钰, 赵衡, 等 . 2021. 基于 AHP 和熵权法组合权重的京津冀地区水循环健康模糊综合评价 .
　　南水北调与水利科技（中英文）, 19（1）: 67-74.

王海叶 . 2017. 城市生活水循环调查与健康评价研究 . 北京: 中国水利水电科学研究院硕士学位论文 .

王浩, 胡鹏 . 2020. 水循环视角下的黄河流域生态保护关键问题 . 水利学报, 51（9）: 1009-1014.

王浩, 贾仰文 . 2016. 变化中的流域 "自然–社会" 二元水循环理论与研究方法 . 水利学报, 10（47）:
　　1219-1226.

王浩, 王建华 . 2012. 中国水资源与可持续发展 . 中国科学院院刊, 27（3）: 352-358, 331.

王浩, 王建华, 秦大庸, 等 . 2006. 基于二元水循环模式的水资源评价理论方法 . 水利学报, 37（12）:
　　1496-1502.

王建华, 王浩 . 2014. 社会水循环原理与调控 . 北京: 科学出版社 .

王建华, 姜大川, 肖伟华, 等 . 2017. 水资源承载力理论基础探析: 定义内涵与科学问题 . 水利学报,
　　48（12）: 1399-1409.

王晶, 李云鹤, 郭东阳 . 2014. 京津冀区域水资源需求分析与供水保障对策 . 海河水利, （3）: 1-3.

王西琴, 刘昌明, 张远 . 2006. 基于二元水循环的河流生态需水水量与水质综合评价方法–以辽河流域为
　　例 . 地理学报, 61（11）: 1132-1140.

吴旭, 宋弘东 . 2018. 邯郸市主城区水资源开发利用供需分析 . 水科学与工程技术, （4）: 16-19.

夏军，刘孟雨，贾绍凤，等.2004. 华北地区水资源及水安全问题的思考与研究. 自然资源学报，19（5）：550-560.

夏军，石卫.2016. 变化环境下中国水安全问题研究与展望. 水利学报，47（3）：292-301.

夏军，朱一中.2002. 水资源安全的度量：水资源的研究与挑战. 自然资源学报，17（3）：262-269.

徐辉.2012. 北京市城市居民生活用水影响因素跟踪调查分析. 北京：首都师范大学硕士学位论文.

徐志伟，张桂娇.2013. 多目标条件下的水资源利用效率与需水阈值关系研究——以京津冀地区生产用水为例. 城市发展研究，20（1）：113-119.

张杰，熊必永.2004. 城市水系统健康循环的实施策略. 北京工业大学学报，30（2）：185-189.

张晶，董哲仁，孙东亚，等.2010. 基于主导生态功能分区的河流健康评价全指标体系. 水利学报，41（8）：883-892.

张志强，程国栋.2004. 虚拟水、虚拟水贸易与水资源安全新战略. 科技导报，（3）：7-10.

赵彦伟，杨志峰.2005. 城市河流生态系统健康评价初探. 水科学进展，（3）：349-355.

赵勇，翟家齐.2017. 京津冀水资源安全保障技术研发集成与示范应用. 中国环境管理，9（4）：113-114.

郑通汉.2003. 论水资源安全与水资源安全预警. 中国水利，（11）：19-22，5.

周林飞，许士国，孙万光.2008. 基于压力-状态-响应模型的扎龙湿地健康水循环评价研究. 水科学进展，（2）：205-213.

周祖昊，王浩，贾仰文，等.2011. 基于二元水循环理论的用水评价方法探析. 水文，31（1）：8-12，25.

左其亭，张修宇.2015. 气候变化下水资源动态承载力研究. 水利学报，46（4）：387-395.

Aeschbach-Hertig W, Gleeson T. 2012. Regional strategies for the accelerating global problem of groundwater depletion. Nature Geoscience, 5（12）：853-861.

Amores M J, Meneses M, Pasqualino J, et al. 2013. Environmental assessment of urban water cycle on Mediterranean conditions by LCA approach. Journal of Cleaner Production, 43（3）：84-92.

Ather H S, Nayak V C, Menezes R G. 2018. India and Pakistan should work together for water security. Nature, 555（7695）：165-165.

Brouwer F, Falkenmark M. 1989. Climate-Induced water availability changes in Europe. Environmental Monitoring and Assessment, 13（1）：75-98.

Brown L E, Mitchell G, Holden J, et al. 2010. Priority water research questions as determined by UK practitioners and policy makers. Science of the Total Environment, 409（2）：256-266.

Chen Z, Ngo H H, Guo W S. 2012. A critical review on sustainability assessment of recycled water schemes. Science of the Total Environment, 426：13-31.

Chu J Y, Wang J H, Wang C. 2015. A structure-efficiency based performance evaluation of the urban water cycle in northern china and its policy implications. Resources Conservation and Recycling, 104：1-11.

Elsner M M, Cuo L, Voisin N, et al. 2010. Implications of 21st century climate change for the hydrology of Washington State. Climatic Change, 102（1）：225-260.

Falkenmark M. 1989. The massive water scarcity now threatening Africa：why isn't it being addressed? Ambio,

18 (2): 112-118.

Falkenmark M. 2001. The greatest water problem: the inability to link environmental security, water security and food security. International Journal of Water Resources Development, 17 (4): 539-554.

Falkenmark M, Molden D. 2008. Wake up to realities of river basin closure. International Journal of Water Resources Development, 24 (2): 201-215.

Falkenmark M, Widstrand C. 1992. Population and water resources: a delicate balance. Population Bulletin, 47 (3): 1-36.

Falkenmark M, Kijne J W, Taron B, et al. 1997. Meeting water requirements of an expanding world population. Philosophical Transactions: Biological Sciences, 352 (1356): 929-936.

Falkenmark M, Berntell A, Jägerskog A, et al. 2007. On the verge of a new water scarcity: a call for good governance and human ingenuity. Sweden: Stockholm International Water Institute.

Food and Agriculture Organization of the United Nations (FAO). 2007. Global Forest Resources Assessment Country Reports 2010: Country Report.

Fujimori S, Hasegawa T, Krey V, et al. 2019. A multi-model assessment of food security implications of climate change mitigation. Nature Sustainability, 2 (5): 386-396.

Gain A K, Giupponi C, Wada Y. 2016. Measuring global water security towards sustainable development goals. Environmental Research Letters, 11 (12): 124015.

García-Sánchez M, Güereca L P. 2019. Environmental and social life cycle assessment of urban water systems: the case of Mexico City. Science of the Total Environment, 693 (25): 133464.

Garfí M, Cadena E, Sanchez-Ramos D, et al. 2016. Life cycle assessment of drinking water: comparing conventional water treatment, reverse osmosis and mineral water in glass and plastic bottles. Journal of Cleaner Production, 137: 997-1003.

Grey D, Sadoff C W. 2007. Sink or swim? water securityfor growth and development. Water Policy, 9 (6): 545-571.

Haddeland I, Heinke J, Biemans H, et al. 2014. Global water resources affected by human interventions and climate change. Proceedings of the National Academy of Sciences, 111 (9): 3251-3256.

Halkijevic I, Vukovic Z, Vouk D. 2017. Indicators and a neuro-fuzzy based model for the evaluation of water supply sustainability. Water Resources Manage, 31 (12): 3683-3698.

Hanasaki N, Kanae S, Oki T, et al. 2008a. An integrated model for the assessment of global water resources-part 1: model description and input meteorological forcing. Hydrology and Earth System Sciences, 12 (4): 1007-1025.

Hanasaki N, Kanae S, Oki T, et al. 2008b. An integrated model for the assessment of global water resources-Part 2: applications and assessments. Hydrology and Earth System Sciences, 12 (4): 1027-1037.

Hoekstra A Y, Mekonnen M M, Chapagain A K, et al. 2012. Global monthly water scarcity: blue water footprints versus blue water availability. PLOS ONE, 7 (2): e32688.

Ji Y, Huang G H, Sun W. 2015. Risk assessment of hydropower stations through an integrated fuzzy entropyweight multiple criteria decision making method: a case study of the Xiangxi River. Expert Systems with Applications, 42 (12): 5380-5389.

Kim Y, Kong I, Park H, et al. 2018. Assessment of regional threats to human water security adopting the global framework: A case study in South Korea. Science of the Total Environment, 637: 1413-1422.

Li Q, Song J X, Wei A L, et al. 2013. Changes in major factors affecting the ecosystem health of the Weihe River in Shanxi Province, China. Frontiers of Environmental Science & Engineering, 7 (6): 875-885.

Li X, Yin D Q, Liu J H, et al. 2019a. Evaluating recent water resource trends in the Beijing-Tianjin-Hebei region of China at the provincial level. in 38th IAHR World Congress. Panama: International Association for Hydro-Environment Engineering and Research, 2944-2954.

Li X, Yin D Q, Zhang X J, et al. 2019b. Mapping the distribution of water resource security in the Beijing-Tianjin-Hebei region at the county level under a changing context. Sustainability, 11 (22): 6463.

Li Z Y, Yang T, Huang C S, et al. 2018. An improved approach for water quality evaluation: TOPSIS-based informative weighting and ranking (TIWR) approach. Ecological Indicators, 89: 356-364.

Liang X, Lettenmaier D P, Wood E F, et al. 1994. A simple hydrologically based model of land surface water and energy fluxes for general circulation models. Journal of Geophysical Research: Atmospheres, 99 (D7): 14415-14428.

Liu C M, Zheng H X. 2002. South-to-north water transfer schemes for China. International Journal of Water Resources Development, 18 (3): 453-471.

Liu J H, Qin D Y, Wang H, et al. 2010. Dualistic water cycle pattern and its evolution in Haihe River basin. Chinese Science Bulletin, 55 (16): 1688-1697.

Liu J G, Yang W. 2012. Water sustainability for china and beyond. Science, 337 (6095): 649-650.

Liu W B, Sun F B. 2019. Increased adversely-affected population from water shortage below normal conditions in China with anthropogenic warming. Science Bulletin, 64: 567-569.

Lu H W, Ren L X, Chen Y Z, et al. 2017. A cloud model based multi-attribute decision making approach for selection and evaluation of groundwater management schemes. Journal of Hydrology, 555: 881-893.

Lu S B, Zhang X L, Bao H J, et al. 2016. Review of social water cycle research in a changing environment. Renewable & Sustainable Energy Reviews, 63: 132-140.

Martinsen G, Liu S X, Mo X G, et al. 2019. Joint optimization of water allocation and water quality management in Haihe River basin. Science of the Total Environment, 654: 72-84.

Meng W, Zhang N, Zhang Y, et al. 2009. Integrated assessment of river health based on water quality, aquatic life physical habitat. Journal of Environmental Sciences, 21 (8): 1017-1027.

Milly P C, Dunne K A, Vecchia A V. 2005. Global pattern of trends in streamflow and water availability in a changing climate. Nature, 438 (7066): 347.

Mubako S, Lahiri S, Lant C. 2013. Input-output analysis of virtual water transfers: case study of california and illinois. Ecological Economics, 93: 230-238.

Noble R A A, Cowx I G, Goffaux D, et al. 2010. Assessing the health of European rivers using functional ecological guilds of fish communities: standardising species classification and approaches to metric selection Fisheries. Management & Ecology, 14 (6): 381-392.

Ohlsson L, Turton A R. 1999. The turning of a screw: social resource scarcity as a bottle-neck in adaption to water scarcity. London: University of London.

Oki T, Kanae S. 2006. Global hydrological cycles and world water resources. Science, 313 (5790): 1068-1072.

Overpeck J, Udall B. 2010. Dry times ahead. Science, 328 (5986): 1642-1643.

Oziransky Y, Kalmakova A G, Margolina I L. 2014. Integrated scarce water resource management for a sustainable water supply in arid regions (the experience of the State of Israel). Aridnye Ecosystem, 4 (4): 270-276.

Pal A, He Y L, Jekel M, et al. 2014. Emerging contaminants of public health significance as water quality indicator compounds in the urban water cycle. Environment International, 71: 46-62.

Piao S L, Ciais P, Huang Y, et al. 2010. The impacts of climate change on water resources and agriculture in China. Nature, 467 (7311): 43-51.

Plummer R, Velaniškis J, Grosbois D D, et al. 2010. The development of new environmental policies and processes in response to a crisis: the case of the multiple barrier approach for safe drinking water. Environmental Science and Policy, 13 (6): 535-548.

Raskin P, Gleick P, Kirshen P, et al. 1997. Water futures: assessment of long-range patterns and prospects. Stockholm, Sweden: Stockholm Environment Institute.

Rijsberman F R. 2006. Water scarcity: fact or fiction? Agricultural Water Management, 80 (1-3): 5-22.

Saaty T L. 1980. The Analytical Hierarchy Process. New York: Mcgraw Hill Inc.

Saaty T L. 1982. Decision Making for Leaders. Bolmont, California: Wadsworth Inc.

Saaty T L, Vargas L G. 1982. The Logical of Priorities. Dordrecht: Springer.

Sankarasubramanian A, Vogel R M, Limbrunner J F. 2001. Climate elasticity of streamflow in the United States. Water Resources Research, 37 (6): 1771-1781.

Saroj K, Fang Y P, Dahal N M, et al. 2020. Application of water poverty index (WPI) in spatial analysis of water stress in Koshi River Basin, Nepal. Sustainability, 12 (2): 727.

Sullivan C A, Meigh J R, Fediw T. 2002. Developing and testing the water poverty index: phase 1 final report. Wallingford: Department for International Development, Centre for Ecology and Hydrology.

Uche J, Martinez-Gracia A, Círez F, et al. 2015. Environmental impact of water supply and water use in a Mediterranean water stressed region. Journal of Cleaner Production, 88: 196-204.

United Nations Development Programme (UNDP). 2006. HDR 2006—Beyond Scarcity: Power, Poverty and the Global Water Crisis. New York: UNDP.

Vilanova M R N, Filho P M, Balestiere J A P. 2015. Performance measurement and indicators for water supply management: review and international cases. Renewable & Sustainable Energy Reviews, 43: 1-12.

Vörösmarty C J, Green P, Salisbury J, et al. 2000. Global water resources: vulnerability from climate change and population growth. Science, 289 (5477): 284-288.

Vörösmarty C J, Mcintyre P, Gessner M, et al. 2010. Global threats to human water security and river biodiversity. Nature，467（7315）：555-561.

Wada Y，van Beek L P H，Bierkens M F P. 2011. Modelling global water stress of the recent past：on the relative importance of trends in water demand and climate variability. Hydrology and Earth System Sciences，15（12）：3785-3808.

Wang J H，Shang Y Z，Wang H，et al. 2015. Beijing's water resources：challenges and solutions. Journal of the American Water Resources Association，51（3）：614-623.

Wang T，Liu S M，Qian X P，et al. 2017. Assessment of the municipal water cycle in China. Science of the Total Environment，607-608：761-770.

Wiréhn L，Danielsson Å，Neset T S S. 2015. Assessment of composite index methods for agricultural vulnerability to climate change. Journal of Environmental Management，156：70-80.

World Resources Institute（WRI），United Nations Development Programme（UNDP），United Nations Environment Programme（UNEP），et al. 2008. World Resources 2008：Roots of Resilience- Growing the Wealth of the Poor. Washington，DC：World Resources Institute.

World Water Assessment Programme（WWAP）. 2009. The United Nations World Water Development Report 3：Water in A Changing World. Paris：Earthsan.

Zadeh L A. 1965. Information and control. Fuzzy Sets，8（3）：338-353.

Zhang R J，Duan Z H，Tan M L，et al. 2012. The assessment of water stress with the Water Poverty Index in the Shiyang River Basin in China. Environmental Earth Sciences，67（7）：2155-2160.

Zhang S H，Fan W W，Yi Y J，et al. 2017. Evaluation method for regional water cycle health based on nature-society water cycle theory. Journal of Hydrology，551：352-364.

Zhang S H，Xiang M X，Yang J S，et al. 2019. Distributed hierarchical evaluation and carrying capacity models for water resources based on optimal water cycle theory. Ecological indicators，101：432-443.

Zhang S H，Xiang M X，Xu Z，et al. 2020. Evaluation of water cycle health status based on a cloud model. Journal of Cleaner Production，245（12）：118850.

Zhang X，Meng Y，Xia J，et al. 2018. A combined model for river health evaluation based upon the physical，chemical，and biological elements. Ecological Indicators，84：416-424.

Zhang X J，Tang Q H，Pan M，et al. 2014. A long-term land surface hydrologic fluxes and states dataset for China. Journal of Hydrometeorology，15（5）：2067-2084.

Zhang Y H，Wu H A，Kang Y H，et al. 2016. Ground subsidence in the Beijing-Tianjin-Hebei region from 1992 to 2014 revealed by multiple SAR stacks. Remote Sensing，8（8）：675.

Zhang Y M，Huang G，Lu H W，et al. 2015. Planning of water resources management and pollution control for Heshui River watershed，China：a full credibility-constrained Programming approach. Science of the Total Environment，524：280-289.

Zhao X，Liu J G，Liu Q Y，et al. 2015. Physical and virtual water transfers for regional water stress alleviation in China. Proceedings of the National Academy of Sciences，112（4）：1031-1035.